Shakeout!

The Big Picture-
warum Network Marketing
einen NEUEN BOOM erlebt

W0075257

Edward Ludbrook

„Als die Phase der **Auslese (SHAKEOUT)** begann, kam die Zeit der großen Unternehmen"

Es war der Anthropologe Charles Darwin, der das Konzept der natürlichen Selektion entdeckte, das er kurz unter den Schlagworten „Überleben der Bestangepassten" zusammenfasste. Die natürliche Selektion ist ein einfaches Konzept das besagt, dass sich alles in der Natur über die Stärksten (Bestangepassten) entwickelt und Schwache einer natürlichen Auslese unterliegen, so dass sich eine Spezies immer in Anpassung an ihre Umwelt entwickelt. Diese Evolution stellt das Überleben der Spezies sicher.

In der Geschäftswelt verhält es sich ganz genauso. Neue Ideen und Technologien legen, vergleichbar dem Auftreten einer neuen Tiergattung, den Grundstein für neue Branchen. Das Wachstum dieser neuen Branche verläuft so lange ungeplant und zufällig, bis die bestehenden Unternehmen um die wichtigsten Ressourcen ihrer Branche konkurrieren müssen.

In einer solchen von Konkurrenzdruck geprägten Zeit werden schwache Firmen ausselektiert, während sich die starken Unternehmen anpassen und noch stärker werden und die Branche schließlich in einen neuen Boom eintritt. Diese Phase der Evolution bezeichnen wir als Auslese. Und genau in dieser Auslesephase lässt sich mit dem richtigen Konzept das größte Vermögen machen.

Das Network Marketing befindet sich gerade mitten in der Auslesephase ...

Vorwort

Eine der bedeutendsten Stärken des Direktvertriebs liegt darin, dass diese Vertriebsform eine wahrhaft universelle Geschäftschance bietet. Aus diesem Grund hat sich der Direktvertrieb weltweit zu einem der Vertriebskanäle mit den höchsten Zuwachszahlen überhaupt entwickelt. Und doch ist der Direktvertrieb keine Erfindung unserer jüngeren Zeit.

Der große Unterschied zu früher liegt in der Organisation der Vertriebsform. Network Marketing ist die moderne Variante des Direktvertriebs, die durch die Fortschritte und Entwicklungen in der Kommunikations- und Informationstechnologie ermöglicht wurde.

Im Zentrum des Network Marketing steht der Gedanke, Waren an Konsumenten zu verkaufen, die sich für das gekaufte Produkt begeistern, überzeugt sind, dass der Preis des Produktes fair und angemessen ist, und gute Empfehlungen gerne im persönlichen Umfeld weitergeben.

In diesem herausragenden Buch klärt Edward Ludbrook viele Fragen zum Thema Network Marketing und gibt wertvolle Tipps, worauf Sie bei der Auswahl des richtigen Geschäfts und der richtigen Branche achten sollten. Folgen Sie den Ratschlägen von Edward Ludbrook, und ich bin davon überzeugt, dass auch Sie erfolgreich sein werden!

Richard Berry
Director,
Direct Selling Association UK

Weitere Bücher von Edward Ludbrook

The Big Picture [ersetzt durch den Titel: Shakeout!]

Now or Never! [Jetzt oder nie!; früherer Titel: Die 2. Welle]

Long Distance Networking [Networking aus der Ferne ; früherer Titel: Internationales Networking]

Der Network Coach

Das Fundamentale im Network Marketing

Great News – Artikel aus 12 Monaten des Evening Standard, London

Einleitung

Ich erinnere mich noch gut an den Tag, als mir ein Freund vorschlug, mir ein neues Geschäft anzusehen, in das er eingestiegen sei. Er versuchte erst gar nicht, mir zu erklären, worum es sich bei diesem Geschäft handelte, sondern forderte mich auf, mir einen Vortrag anzuhören, der in einer Gemeindehalle neben den Houses of Parliament in London gehalten wurde. Also hörte ich mir diesen Vortrag über eine neue Form des „kostengünstigen Franchising" namens Network Marketing an. Ich kann nur sagen, dies war das spannendste Konzept, das mir je vorgestellt wurde.

Die Redner an diesem Abend berichteten, dass das Network Marketing „die Zukunft des Vertriebs" und „die größte Geschäftschance aller Zeiten" sei. Das waren natürlich gewichtige Behauptungen, die für mich aber aus irgendeinem Grund nachvollziehbar und vollkommen logisch waren. Dieser Abend war einer der aufregendsten in meinem Leben, und ich verließ den Saal in höchst euphorischer Stimmung.

Was mich im Rückblick auf diesen Abend und die danach folgenden Jahre selbst überrascht, ist, dass ich nach keinerlei Zahlen und Fakten verlangte, die diese gewichtigen Behauptungen untermauerten. Schließlich bin gerade ich ein Mensch, der immer Fakten braucht. Als Mann, der seine Karriere in der Militär-, Banken- und Consulting Branche gemacht hat, würde man von mir auch ganz selbstverständlich erwarten, dass ich nach handfesten Beweisen für diese Aussagen über die große Zukunft des Network Marketing verlange. Meine Freunde und Angehörigen dachten, ich sei entweder verrückt geworden oder hätte mich in eines dieser dubiosen Pyramidensysteme hineinziehen lassen.

Doch tatsächlich bemerkte ich selbst erst bei einer Veranstaltung des Fachverbandes Network Marketing Anfang der 1990er Jahre in einem Gespräch mit Mitgliedern der Britischen Regierung und Journalisten, wie wenig ich eigentlich über die Branche des Network Marketing wusste. Und damit war ich nicht allein. In der Tat konnte ich niemanden finden, der die Branche des Network Marketing in glaubwürdiger Weise erklären konnte. Was unserer Branche fehlte, war ihre „strategische" Darstellung.

Die strategische Darstellung ist Pflicht

In einer so jungen Branche wie der unseren ist das Fehlen einer strategischen Darstellung nicht weiter überraschend. Das Problem ist jedoch, dass niemand bereit ist, Zeit oder Geld zu investieren, wenn es keine klare und zuverlässige Darstellung der Zukunft gibt. Die Folge ist eine nur kurz anhaltende Begeisterung und mangelndes Engagement, das fast zwingend zum Scheitern führt.

Wenn man einen Geschäftsplan für eine Bank oder einen Investor erstellt, besteht der erste Abschnitt immer in der strategischen Darstellung der Branche, in der man tätig ist. Die strategische Darstellung beschreibt das Fundament Ihres Geschäfts sowie Erwartungen und das Vertrauen, das Sie in Ihr Unternehmen und Ihren Erfolg setzen.

Jedes größere Unternehmen entwickelt eine eigene strategische Darstellung seiner Branche – sowohl für die Produkte als auch für den Vertrieb. Forschungsinstitute erstellen Branchenberichte, in denen sie ihre strategische Darstellung einer Branche darlegen. Strategieberater strukturieren Unternehmen nach den Erkenntnissen ihrer strategischen Darstellung der betreffenden Branche um. Die Arbeit dieser Strategieberater wird als so bedeutend geschätzt, dass sie zu den weltweit höchstbezahlten Beratern zählen.

Mit den analytischen Fähigkeiten, die ich mir als Strategieberater erworben hatte, erarbeitete ich 1992 meine eigene „strategische Gesamtdarstellung" der Network-Marketing-Branche. Ich präsentierte meine Darstellung hunderttausenden Menschen, darunter Regierungsbeamte, Geschäftsleute und Finanzjournalisten, die schon berufsbedingt zu den größten Skeptikern überhaupt zählen. Niemand stellte jemals die Exaktheit, Folgerichtigkeit oder Logik meiner Darstellung in Frage, so dass ich von ihrer Richtigkeit felsenfest überzeugt bin.

Weltweiter Boom

Der weltweite Boom des Network Marketing, den ich vorhergesehen hatte, trat (erfreulicherweise) ein und bescherte mit 50 Millionen beteiligten Personen in 100 Ländern dieser Welt einen Gesamtumsatz von mehr als 100 Milliarden US-Dollar. Er zeigt, wie richtig der so oft von mir zitierte Ausspruch von Victor Hugo ist: *Keine Armee der Welt kann sich der Macht einer Idee widersetzen, deren Zeit gekommen ist.*

Neue strategische Darstellung

In den ersten Jahren des neuen Jahrtausends erkannte ich Entwicklungen, die das Ende des enormen Booms ankündigten. Nicht nur das Wachstum der Branche hatte sich verlangsamt. Auch weitere bedeutende strategische Änderungen traten ein. Die Pioniere der Branche zogen sich in den Ruhestand zurück, und zum ersten Mal seit ihrem Bestehen musste die Branche eine umfassende Umstrukturierung durchlaufen.

Es überraschte nicht, dass sich in schwächeren Unternehmen wie auch Unternehmen, die größere Umstrukturierungen zu bewältigen hatten, zunehmend Sorge breit machte. So mancher stellte ein weiteres Wachstum der Branche in Frage. Das Vertrauen sank auf einen Tiefstand.

Eine spannende Zeit für mich, da ich wusste, dass einige fundamentale Änderungen im Network Marketing bevorstanden und ich eine neue strategische Analyse der Branche durchführen musste, um mein neues Gesamtbild der Branche zu erarbeiten. Eine spannende Zeit für mich auch deswegen, weil ich wusste, dass nun die Auslesephase im Lebenszyklus der Branche begonnen hatte – und damit die größte Wachstumsperiode einer Branche.

Wie ich in diesem Buch erklären werde, gibt es vier grundlegende Trends, die das Wachstum einer Branche vorantreiben. Die Wachstumsphase hält in der Regel mindestens zehn Jahre an, was klar zeigt, dass das Network Marketing absolut die „richtige" Branche ist. Im Anschluss daran werde ich allgemein verständlich anhand eines Lebenszyklus-Diagramms mit zahlreichen Branchenbeispielen erklären, wie sich Branchen entwickeln und warum der Zeitpunkt heute geradezu perfekt ist für das Network Marketing. Die Beispiele verdeutlichen, dass das Network Marketing der richtige Ort zur richtigen Zeit ist.

Zu guter Letzt werde ich Ihnen einige entscheidende Tipps geben, wie Sie für sich herausfinden können, welches das richtige Geschäft ist, in das Sie einsteigen sollten. Denn hier die richtige Entscheidung zu treffen, ist in der Auslesephase von höchster Bedeutung. Wie gesagt: Nur die Starken überleben, während die Schwachen zu Grunde gehen.

Das Ziel dieses Buches ist es, Ihnen unwiderlegbar aufzuzeigen, warum die Network-Marketing-Branche der richtige Ort zur richtigen Zeit ist. Ich habe meine Erklärungen absichtlich einfach gehalten, so dass wirklich jeder die zugrunde liegende Logik verstehen kann. Napoleon Hill, einer der bedeutendsten Fachbuchautoren unserer Zeit, drückte es mit folgendem Satz ganz wunderbar aus: „Was man begreifen und glauben kann, das kann man auch erreichen." Anders herum könnte man auch sagen: Wer seine Branche nicht gut genug kennt, wird keinen großen Glauben in den Erfolg des Unternehmens setzen und folglich auch nicht die Leistung bringen, die es zum Erfolg braucht.

Das Network Marketing ist ein einfaches Geschäft, in dem jeder erfolgreich sein kann. Ob Sie nur Ihren persönlichen Lebensstil verbessern möchten oder ein Vermögen machen wollen – alles ist möglich. Viele Leute würden diese Aussage bezweifeln, aber ich kann Ihnen versichern, es stimmt. In zahllosen Firmen und Ländern habe ich Menschen getroffen, die enormen Erfolg haben – Menschen jeden Geschlechts, jeden Alters, jeder Religion, jedes familiären und beruflichen Hintergrunds und jedes Bildungsstands, ja selbst Menschen mit Behinderung.

Ich bin sicher, dass dieses kleine Buch Ihnen alle wichtigen Kenntnisse über unsere Branche vermitteln und Ihnen Vertrauen in ihre verheißungsvolle Zukunft schenken wird. Das Network Marketing erlebt derzeit auf nahezu der ganzen Welt einen Wachstumsschub. Eine Situation, die es bisher so noch nicht gab. Die starken Unternehmen erleben einen zweiten Boom, und alle Vorzeichen deuten darauf hin, dass dem Network Marketing Jahre des stärksten Wachstums bevorstehen. Ich mache kein Geheimnis um meine Euphorie. Ich bin jetzt mehr denn je in all den siebzehn Jahren, seit mir ein Freund zum ersten Mal das Konzept des Network Marketing vorstellte und ich in die Branche einstieg, begeistert von meiner Arbeit und der spannenden Zukunft, die unserer Branche bevorsteht. In diesem Buch erfahren Sie, warum.

Ich wünsche Ihnen viel Spaß beim Lesen!

Ihr Edward Ludbrook

Vicky gewidmet

Published by MLM Training Multimedia und Verlags GmbH

Erstmalig veröffentlicht in Neuseeland von Ludbrook Research International, 415 Remuera Road, Remuera Village, Auckland, Neuseeland. www.ludbrook.com

Cartoons: Mick Davis
Design: Lee Kretchmar
Druck: in Europa

ISBN 3-902114-36-3

Inhalt

TEIL 1

TEIL 2

TEIL 3

TEIL 4

Was ist Network Marketing?

Das neue Geheimnis des Erfolgs lautet Vertrieb, Vertrieb und nochmals Vertrieb.
The Economist vom 28. Februar 1998

Nach langen Jahren des erfolgreichen Daseins im Stillen wurde der Direktvertrieb durch den progressiven Auftritt neuer, internetbasierter Firmen, die im „Direktvertrieb" handeln, wie etwa Dell Computers oder auch Amazon.com, plötzlich in das Zentrum aller Aufmerksamkeit katapultiert. Der enorme Einfluss dieser Firmen ließ den „Direktvertrieb" zur erfolgreichsten Branche weltweit werden und stellte den herkömmlichen Direktvertrieb mit seiner gut 100 Jahre alten Tradition komplett auf den Kopf.

Das Network Marketing ist ein Vertriebsweg, bei dem Konsumgüter direkt an die Konsumenten verkauft werden. Statt den Weg über Läden zu gehen, nutzt das Network Marketing ein Vertriebsnetz aus Einzelpersonen (Vertreter im Direktvertrieb), um Kunden anzusprechen und Produkte abzusetzen. Die Vertreter im Direktvertrieb werden oft auch als selbstständige Unternehmer, Händler, Berater oder auch Networker bezeichnet.

Das Spannende am Network Marketing ist die Möglichkeit, sich ein Vertriebsnetz aufzubauen und Provisionen aus den Verkäufen mehrerer Ebenen an Vertretern zu erhalten. Deswegen wird diese Vertriebsform zum Teil auch als Multi-Level Marketing oder kurz MLM bezeichnet.

Da die Größe des aufgebauten Vertriebsnetzes keinen Beschränkungen unterliegt, können im Network Marketing allerhöchste Einkommen erzielt werden. Dies erklärt, warum so viele bereits erfolgreiche Geschäftsleute und Profis in unsere Branche einsteigen. Den meisten Networkern aber bietet das Network Marketing einfach eine gute Chance, nebenbei einige Hundert Euro im Monat hinzuzuverdienen und den persönlichen Lebensstil aufzuwerten.

Ihr Netzwerk aus Geschäftspartnern

Jeder kann in dieser Branche erfolgreich sein, denn man arbeitet in einem festen System mit dem selbst gewählten Tempo, so ähnlich, als würde man ein Franchise-Unternehmen führen.

Die magische Formel-
Wie man reich wird

Bill Gates, Gründer von Microsoft und Erfinder von Windows, ist der reichste Mann der Welt und hat sein Vermögen schon mit Anfang Vierzig gemacht. Wie hat er es angestellt, so viel Geld in so kurzer Zeit zu verdienen?

Er war nicht in der Softwarebranche tätig, als diese ihren Anfang nahm.
Zu dieser Zeit war er noch nicht einmal geboren.
Er ist nicht wesentlich klüger oder gebildeter als Sie oder ich.
Er arbeitet auch nicht sehr viel härter als Sie oder ich.
Er startete nicht schon mit einem kleinen Vermögen.
Er gründete seine Firma in der heimischen Garage.

Bill Gates war so erfolgreich, weil er zur richtigen Zeit am richtigen Ort war. Er stieg in die Softwarebranche ein, als diese am Anfang ihres Booms stand. Anita Roddick, Gründerin von Body Shop, gelang dies in einer anderen Branche. Sie stieg zur richtigen Zeit in die Naturkosmetik- und Franchising-Branche (d. h. den richtigen Ort) ein.

Voraussetzung für ein eigenes Vermögen ist das erste und wichtigste Element der magischen Formel zum Erfolg: Man muss zur richtigen Zeit am richtigen Ort sein. Wenn man diese Voraussetzung beachtet, ist man optimal positioniert, um den Boom in einer Branche mitzunehmen.
Branchen mit hohen Wachstumzahlen schaffen Einkommensmöglichkeiten für jedermann, nicht nur für die Inhaber führender Unternehmen. Jeder in der Branche hat die Möglichkeit, sich ein Zusatzeinkommen zu schaffen und eigenen Wohlstand zu verdienen.
Ohne hohe Wachstumzahlen verschwinden jedoch die überdurchschnittlichen Einkommenschancen für den Durchschnittsmenschen. Und mit ihnen verschwindet auch die Begeisterung für eine wachsende Branche. Was bleibt, ist der übliche Alltag und Stress eines durchschnittlichen, mühsamen Geschäfts.

> *Lektion eins für ein spannendes Leben und überdurchschnittliches Einkommen: Steigen Sie zur richtigen Zeit in eine Branche mit HOHEN Wachstumzahlen (den richtigen Ort) ein.*

Das richtige Geschäft

Viele Leute können unglaubliche Erfolgsgeschichten erzählen aus den Anfangstagen einer boomenden Branche, wie der Video-, der Internet- oder auch der Handybranche. Unglaublich klingende Geschichten über Umsätze, die sich alle drei Monate verdoppelten, und Firmenfeiern, die mehrere Tage dauerten. Die Inhaber dieser Firmen zeigen Ihnen Fotos von den Ferrari in ihrer Garage, ihrem Helikopter vor dem eigenen riesigen Anwesen und von Traumurlauben an den entlegensten Orten. Die Mitarbeiter erinnern sich mit einem Lachen an diese verrückten, adrenalinerfüllten Tage.

Die traurige Wahrheit ist aber, dass weniger als 1% dieser Firmen dauerhaft überlebten. Weniger als 1% der Firmeninhaber wurden reich, und die verrückten, adrenalinerfüllten Arbeitstage sind irgendwann nur noch eine verblassende Erinnerung. Zur richtigen Zeit am richtigen Ort zu sein ist ENTSCHEIDEND für jeden Erfolg und das Miterleben eines Booms, ABER OHNE das richtige Geschäft (System und Führung) wird man doch immer wieder scheitern.

Ich weiß, wie selbstverständlich dies alles klingt. Aber Sie wären überrascht, wenn Sie wüssten, wie viele Menschen sich so von einem Konzept und dem passenden Zeitpunkt fesseln lassen, dass sie vollkommen vergessen, auch das Geschäft selbst zu analysieren. Das heißt nicht, dass man sich mit den kleinsten Details auseinander setzen muss. Aber dennoch sollte jeder klar die Chancen kennen, die eine Branche zu bieten hat, und wissen, wie und warum das Geschäft, in dem er tätig werden möchte, die sich bietenden Chancen nutzt. Bei guten Firmen lässt sich sehr einfach analysieren, ob sie in der Lage sind, sich bietende Chancen zu ergreifen.

> *Lektion zwei: Analysieren Sie das Geschäft, in das Sie einsteigen. Ist es dem Druck in einer Branche mit hohen Wachstumszahlen gewachsen?*

Massiver Selbsteinsatz

Das letzte Element der magischen Formel ist massiver Selbsteinsatz.

Fragen Sie erfolgreiche Menschen, wie hart sie in den Anfangstagen ihrer Karriere oder ihrer Unternehmensgründung gearbeitet haben. Sie werden ausnahmslos Erzählungen über Arbeitstage bis tief in die Nacht und massiven eigenen Arbeitseinsatz hören. Jeder Erfolg hat seinen Preis, der in Zeit und Arbeit zu bezahlen ist. Tatsache ist, dass NUR massiver Selbsteinsatz die Voraussetzungen schafft, um neue Geschäftschancen erfolgreich umsetzen zu können. Diese Tatsache leugnen zu wollen, wäre verrückt.

Viel besser ist es, Spaß an der Arbeit und der eigenen Leistung zu haben. Genießen Sie die aufregenden Tage. Freuen Sie sich, Teil einer Entwicklung sein zu dürfen und Ergebnisse zu erzielen! Nur wenige Menschen erfahren in ihrer Arbeit das Gefühl, etwas bewegen und Wertvolles schaffen zu können.

> **Bill Gates und Anita Roddick lebten die magische Formel in ihrem Erfolg**
> • **Richtiger Ort** • **Richtige Zeit** • **Richtiges Geschäft**
> • **Massiver Selbsteinsatz**

Strategie 1.0

Natürlich wäre ich gerne der Erste gewesen, der diese „magische Formel" der Welt offenbart. Aber im Grunde genommen handelt es sich hierbei um die grundlegendsten Prinzipien jeder Geschäftsstrategie: Nämlich sicherzustellen, dass Ihr Geschäft zur richtigen Zeit mit dem richtigen Geschäftsmodell im richtigen Teil einer Branche angesiedelt ist. Das ist die Strategie 1.0!

Das richtige Geschäft beginnt mit der richtigen Strategie

Jedes größere Unternehmen beschäftigt ein eigenes „Strategieteam", das die Branche und das eigene Geschäft analysiert, um zu ermitteln, ob die aktuell angewandte Strategie die richtige ist. Erbringt die Analyse ein zufrieden stellendes Ergebnis, verleiht dies dem Unternehmen das nötige Vertrauen, um die erforderlichen Mittel in die Zukunft zu investieren, und gibt der Unternehmensführung die nötige Selbstsicherheit, um das Geschäft mit sicherer Hand nach vorne zu lenken.

Geschäftsplanung

Eine alternative Herangehensweise an dieses Thema liegt in der Geschäftsplanung. Falls Sie schon einmal einen Geschäftsplan erstellt haben, wissen Sie, dass der erste Teil des Dokuments immer in der „strategischen Darstellung" der aktuellen Situation besteht, gefolgt von der voraussichtlichen künftigen Entwicklung der Branche. Aus dieser Analyse leitet sich schließlich die Erklärung her, warum gerade Ihr gewähltes Geschäftsmodell erfolgreich sein wird.

Keine Bank und kein Investor dieser Welt sind bereit, Ihnen Geld zu leihen, wenn Sie keine zuverlässige und glaubwürdige Strategie vorweisen können. Führung, Finanzlage, Marketing usw. sind selbstverständlich wichtig für Ihren Erfolg, ABER NICHTS ist wichtiger als die richtige Strategie.

Eine einfache Lektion

Erstaunlicherweise können nicht einmal 1% der Leute, die in die Network-Marketing-Branche einsteigen, erklären, warum diese Branche aller Voraussicht nach wachsen wird und wo die wahren Chancen in dieser Branche liegen. Sie können Ihnen nicht erklären, warum sie in die Zukunft vertrauen oder woraus ihre Begeisterung für ihr Unternehmen resultiert.

Was ihnen fehlt, ist die strategische Darstellung, der Gesamtzusammenhang, so dass sie über die kommende Entwicklung ihrer Branche niemals volle Gewissheit besitzen. Beim Lesen dieses Buches führen Sie alle strategischen Analysen der Network-Marketing-Branche, die sie jemals benötigen werden, in einer einfachen und schnellen Lektion durch.

Mangelndes Engagement

Wie kann man, ohne eine klar verständliche Vision der Zukunft der Branche zu haben und ohne zu wissen, wie sich das eigene Unternehmen in dieses Bild einfügt, wirklich bereit sein, heute die Zeit, die Arbeit und das Geld zu investieren, die es braucht, um den Grundstein für künftige Erfolge zu legen?

Wenn man dies bedenkt, überrascht es nicht weiter, dass die meisten Menschen ihr Engagement im Network Marketing als eine recht kurzfristige Angelegenheit betrachten. Sie zeigen nur wenige Monate (oder nur wenige Wochen!) wirkliches Engagement und geben auf, bevor sie überhaupt eine Chance auf Erfolg hatten. Was mich wütend macht, ist, dass diese Aussteiger anschließend ihr Unternehmen oder die Branche als solche für ihr Scheitern verantwortlich machen! In Wirklichkeit war ihr eigenes Verhalten nichts weiter als unprofessionell.

Lange Jahre war es für tausende und abertausende Networker ganz selbstverständlich, dass am Anfang jedes Geschäfts und jeder Karriere zunächst einmal eine Lern- und Aufbauphase steht. Natürlich ist das Einkommen in dieser Phase nicht sehr hoch. Oft wirft diese Phase auch gar keinen Gewinn ab oder erfordert im Gegensatz sogar Investitionen. Aber die Leute erbringen diese Opfer gerne, da sie wissen und überzeugt sind, dass sich ihre kurzfristigen Investitionen mittel- und langfristig um ein Vielfaches bezahlt machen.

Vertrauen bilden

Network Marketing bietet eine Chance auf hohes Einkommen mit einer langfristigen Zukunft. Was es zunächst jedoch braucht, ist eine strategische Analyse. Wenn Sie noch nicht wissen, wie man strategische Analysen vornimmt, erfahren Sie in diesem Buch alles, was Sie dazu wissen müssen.

Das Ergebnis der strategischen Analyse ist Vertrauen.

Vertrauen ist nötig, um Zeit und Arbeit in den Aufbau eines Netzwerkes investieren zu können, ohne sofortige Ergebnisse zu erwarten. Vertrauen ist nötig, um auch dann nicht aufzugeben, wenn man Rückschläge einstecken muss, weil man weiß, dass gerade solche Situationen Erfahrungen und Erkenntnisse bringen, die für jeden Erfolg Voraussetzung sind. Um es mit den Worten der bekannten amerikanischen Fachautorin Rosabeth Kanter zu sagen: Man muss an die eigene Strategie glauben ...

„Glaube mit Vertrauen in deinen Erfolg, um die Mittel zu erhalten, die den Erfolg möglich machen.“

Gelebte Strategie

Vom Gummistiefelhersteller zum europäischen Handy-Gigant

Wenn sich Finnen die Unternehmensentwicklung von Nokia vor Augen führen, müssen Sie unweigerlich lachen bei dem Gedanken, wie ihr guter alter Gummistiefelhersteller eine so unglaubliche Erfolgsgeschichte vorlegen konnte. Nur wenige wissen, dass Nokia bereits ein führendes Unternehmen der Elektronikbranche war, als man sich Anfang der 1980er Jahre als Hersteller von Gummistiefeln einen allgemeinen Namen machte. Doch dann bekam das Unternehmen in Jorma Ollila einen neuen, visionären Geschäftsführer, der Nokia Anfang der 1990er Jahre strategisch geschickt im Zentrum der Mobilfunkbranche positionierte.

Ollila wusste, dass Mobiltelefone der richtige Ort zur richtigen Zeit waren. Das wirklich Geniale aber war sein Geschäftskonzept. Er stieß alle telekommunikationsfremden Geschäftsbereiche ab und entwickelte eine einmalige Produktstrategie, in deren Herzen Mobiltelefone als attraktives Konsumprodukt mit ansprechendem Design und praktischen Funktionen standen. Die Strategie der anderen Handyhersteller wie etwa Ericsson hingegen bestand damals darin, die „Technik" in den Mittelpunkt zu stellen – wahrscheinlich, weil diese Unternehmen seit ihren Anfangstagen nur in der Telekommunikation, nicht aber in der Verbraucherelektronik tätig waren.

Der unglaubliche Boom der Mobilfunkindustrie in den 1990er Jahren bewies, dass sowohl Nokia als auch Ericsson zur richtigen Zeit am richtigen Ort waren. Der Unterschied zwischen Nokia und anderen Herstellern bestand jedoch darin, dass die Kunden den für sie „praktischeren" Handys gegenüber technisch ausgefeilteren Produkten wie etwa jenen des Konkurrenten Ericsson den Vorzug gaben. Die richtige Strategie sorgte für das richtige Geschäft!

Ende der 1990er Jahre bildete Nokia das „finanzielle Schwergewicht" unter den europäischen Großunternehmen, und die Mitarbeiter versammelten Aktien im Wert mehrerer Milliarden Euro auf sich. Ericsson hingegen musste im gleichen Zeitraum Werke schließen und einige zehntausend Mitarbeiter entlassen.

Nokia war zum richtigen Zeitpunkt mit dem richtigen Geschäft in der richtigen Branche

Die Lektion, die man von Nokia lernen kann ist, dass Erfolg mehr ist, als nur in der richtigen Branche zu sein – man muss auch das richtige Geschäftsmodell besitzen.

Der richtige Ort:

Trendwellen mitnehmen

„Eine Mode ist eine Welle im Ozean, ein Trend ist die Flut. Der Mode wird viel Aufmerksamkeit geschenkt, während den Trend nur wenige beachten.

Wie eine Welle ist die Mode sehr offensichtlich und unterliegt einem großen und schnellen Auf und Ab. Der Trend, die Flut hingegen verläuft kaum merklich, entwickelt aber über längere Zeit eine enorme Kraft."
„Die 22 unumstößlichen Gebote des Marketing", Al Ries und Jack Trout

Die Branchen mit der glänzendsten Zukunft sind immer jene, die sich im Voraus auf die größten Trends ausrichten, die ich als Primärtrends bezeichne. Primärtrends bringen oft so fundamentale und starke Veränderungen, dass man gerne auch von Revolutionen spricht: die Informatikrevolution, die Lernrevolution, die sozialistische Revolution.

Damit sich das Network Marketing zu einer Wachstumsbranche mit großer Zukunft entwickeln kann, muss sie von Primärtrends geprägt sein.

Primärtrends findet man vorwiegend in den vier treibenden Schlüsselkräften der Wirtschaft, nämlich:

1. **Was macht Menschen glücklich?**
2. **Wie verdient man Geld?**
3. **Wie verkaufen Unternehmen?**
4. **Wie kaufen Menschen ein?**

Auf den nächsten Seiten erkläre ich, was in jedem dieser Schlüsselbereiche abläuft und welches die Primärtrends sind. Diese werden sich Ihnen schnell von selbst erschließen. Dem Network Marketing liegen vier Primärtrends zu Grunde, die ich Ihnen in diesem Buch aufzeigen werde. Sie alle bestätigen den Faktor des „richtigen Orts", der ein wesentliches Element der magischen Formel für erfolgreiche Unternehmer darstellt.

Ein Trend ist eine Richtung, die viele Verbraucher, die tonangebenden Verbraucher, einschlagen und damit die allgemeine Tendenz des Marktes diktieren. Trends sind wichtig, wenn man ein Produkt (oder sich selbst) im Mark positionieren und Verbraucher in ihrer momentanen und künftigen Stimmung ansprechen will.
Faith Popcorn, „The Popcorn Report"

19

Die richtige Zeit:

Der Branchenlebenszyklus

Jeder Student, der sich mit Wirtschaftswissenschaften, Management oder Marketing beschäftigt weiß, dass sich alle Branchen einem Branchenlebenszyklus folgend entwickeln. Kennt man die grundlegenden Zusammenhänge im Branchenlebenszyklus, so kann man im Vorfeld den richtigen Zeitpunkt abschätzen, zu dem sich ein Einstieg in die Branche lohnt.

Die wirtschaftlichen Zusammenhänge sind heute um ein Vielfaches komplexer als 1975, als die Wirtschaftsexperten Utterback und Abernathy erstmals ihr Modell des Branchenlebenszyklus veröffentlichten. Wir wissen heute, dass sich Branchen zwar unterschiedlich entwickeln, im Wesentlichen jedoch immer der gleichen Lebenskurve mit den Phasen Entstehung, Wachstum, Auslese, Reife und Niedergang folgen. Jede neue Phase im Lebenszyklus erfordert für ihre erfolgreiche Bewältigung eine spezifische Strategie, die verständlicherweise von der Strategie der Vorläuferphase abweichen muss. Und eine neue Strategie bedeutet immer auch neue Chancen für neue Menschen!

1. **Die Entstehungsphase.** In dieser Phase entwickeln Branchenpioniere das zentrale Konzept der Branche, so wie etwa die ersten Softwarepioniere vielmehr nur Programmiersprachen denn ganze Softwareprogramme entwickelten.
2. **Die Wachstumsphase.** Einige wenige Unternehmen steigen als Überflieger in die neuen Märkte ein. Ihr Erfolg zieht zahlreiche neue Mitbewerber an. Diese Phase kennt eine hohe Rate des Scheiterns.
3. **Die Auslesephase.** Alle Schlüsselmärkte der Branche sind besetzt und es hat sich ein „dominierendes System" herausgebildet. Konkurrenzdruck und notwendige Umstrukturierungen lassen erste Sorgen aufkeimen. Schwache Firmen verschwinden vom Markt. Es folgt eine Phase des starken Wachstums.
4. **Die Reifephase.** Das Branchenwachstum pendelt sich auf stabilem Niveau ein, die Branche wird durch wenige Mitbewerber dominiert.
5. **Die Niedergangsphase.** Die Konkurrenz unter den verbleibenden Mitbewerbern wird härter.

Die besten Zeitpunkte zum Einstieg in eine Branche sind jeweils zu Beginn der Wachstums- und der Auslesephase. Zu diesen Zeitpunkten stehen jedem alle Möglichkeiten offen, und wer richtig positioniert ist, kann den Boom in seinem gesamten Ausmaß mitnehmen. Der

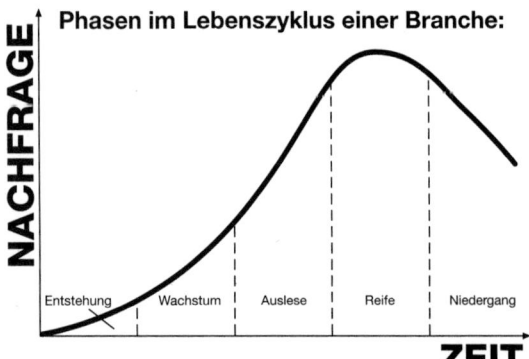

Phasen im Lebenszyklus einer Branche:

NACHFRAGE

Entstehung | Wachstum | Auslese | Reife | Niedergang

ZEIT

einzige Unterschied zwischen den beiden Zeitpunkten ist das Risiko.

Zu Beginn der Wachstumsphase ist es extrem schwierig, zu prognostizieren, welches Unternehmen oder welches Geschäftskonzept erfolgreich sein wird. Das Risiko ist hoch, wird jedoch im Erfolgsfall auch hoch entlohnt. Zu Beginn der Auslesephase bietet sich immer noch die Situation eines Booms, den man bei einem viel geringeren Risiko des Scheiterns mitnehmen kann, SOFERN man sich für das richtige Unternehmen entscheidet.

Auslesephase = Hohe Rentabilität bei geringem Risiko

Primärtrend Nr. 1
Was ist wichtig im Leben?

Die Lifestyle-Revolution

Die Motivation hinter all unserem Tun ist das Bestreben, glücklich zu sein. Faith Popcorn, die wohl führende Trendjägerin unserer Zeit, stellt in ihren Umfragen den Menschen eine einfache Frage:

SIND SIE GLÜCKLICH?

Ihrer Überzeugung nach öffnet diese Frage die Tore zum wahren Denken und Empfinden der Menschen. In der Beantwortung dieser Frage gibt jeder seine innersten Sorgen und Wünsche preis, die sein individuelles künftiges Handeln prägen.

Sind Sie glücklich mit Ihrem Einkommen?
Sind Sie glücklich mit Ihrer Wohnsituation?
Sind Sie glücklich mit Ihren Beziehungen zu anderen?
Sind Sie glücklich mit Ihren Sicherheiten?
Sind Sie glücklich mit sich selbst?

Stellen Sie sich selbst ein paar dieser „Sind Sie glücklich?"-Fragen.

Fakt ist, dass die meisten Menschen mit ihrem Leben unzufrieden sind. Nachdem wir alle in den 1990er Jahren so lange und so hart gearbeitet haben, um uns ein schöneres Haus, ein schnelleres Auto und tolle Fernreisen leisten zu können, fühlen sich nur wenige von uns wirklich bereichert. Wirtschaftsanalysten mögen zwar nachweisen, dass wir alle heute in größerem finanziellen Wohlstand leben. Aber die mangelnde Fülle im seelischen Empfinden vermag niemand zu messen.

Das Empfinden der „Unerfülltheit" ist ein großer Trend unserer Zeit. Immer mehr Menschen geben ihren gut bezahlten Job in der Stadt auf und ziehen in kleinere Ortschaften und Dörfer, in denen sie weniger anspruchsvollen Aufgaben nachgehen, um einfach „mehr Zeit mit der Familie verbringen" oder „eine höhere Lebensqualität genießen" zu können. Leute wechseln in neue Berufe, die ihnen mehr „persönliche Erfüllung" oder mehr „persönliche Freiheit" schenken, oder machen sich selbstständig, weil dies „schon immer ihr Traum war". Was wir uns alle wünschen ist Abwechslung und Erfülltheit in unserem Leben.

Der Persönlichkeitskult um Glanz und Ruhm wird zunehmend vergehen mit der Erkenntnis, wie oberflächlich diese Art des Daseins ist. Die Charakterzüge Ehrlichkeit, Aufrichtigkeit und Vertrauen erlangen wieder Bedeutung, denn nur sie bieten den Schlüssel zu langfristigem Glück und Selbstachtung. Gut auszusehen ist kein Ersatz dafür, sich gut zu fühlen. Was sich die Menschen allgemein wünschen, ist ein besseres Leben und ein besserer Lebensstil.

Diese Tendenz bestätigt sich in einer Aussage, die sich auf den ersten Seiten so gut wie jedes wirtschaftlichen Fachbuchs wiederfindet und die unter Wirtschaftlern kurz als das „Grundproblem der Wirtschaft" bezeichnet wird.

„Die ganze menschliche Existenz organisiert sich um die Produktion und den Konsum von Gütern. Der Wunsch hiernach scheint einem dem Menschen innewohnenden Bestreben zur Verbesserung des eigenen Lebensstils zu entspringen. (Wie ich schon sagte.) Die Konzepte von Wohlstand und Lebensstil stehen daher im Zentrum aller Wirtschaft."

Hardwick, Khan und Langmead,
„An Introduction to Modern Economics", Longman, 1992

Wohlstand, **das sind Autos, Häuser, Geld, Unternehmen und sonstige Dinge, die man kaufen und besitzen kann.**

Lebensstil **ist das persönliche Empfinden der Freude und des Glücks, das man aus diesen Dingen zieht sowie die Art, wie man sein Leben um diese Werte organisiert.**

Sowohl unserer Zeit als auch unseren Mitteln sind Grenzen gesetzt. Abhängig von unserem persönlichen Bestreben konzentrieren wir uns deshalb entweder auf Wohlstand oder auf Lebensstil. Wir setzen einen

Schwerpunkt auf das, was uns momentan am bedeutendsten ist.

Unmittelbar nach dem Zweiten Weltkrieg waren wir alle arm und folglich bestrebt, uns Wohlstand zu schaffen. Exklusiver Lebensstil hatte in diesem Moment keine höhere Priorität. Es gelang den Menschen relativ schnell, sich einen zufrieden stellenden Wohlstand zu erarbeiten, so dass sich bei vielen in den 1960er Jahren das Verlangen nach Spaß im Leben einstellte – die „Swinging Sixties" brachen an. Das Leben hatte uns so viel zu bieten, dass uns die Öl- und Wirtschaftskrisen der 1970er Jahre vollkommen unvorbereitet trafen. In der logischen Folge wurden neue Politiker an die nationalen Führungsspitzen gewählt, die den Bürgern zugleich Wohlstand und Stabilität versprachen, berühmte Politiker wie Kohl, Thatcher, Mitterrand, Reagan und Nakasome. Sie alle stimmten ein in ein Lied über Expansion, ökonomische Effizienz und finanzielle Chancen. Sie zeigten den Weg zum „wahren Kapitalismus", und das Ziel der Gesellschaft lautete Schaffung von Wohlstand, ganz gleich zu welchem Preis.

Die strebsamen 1990er

„Wer am reichsten stirbt, hat gewonnen" Autoaufkleber

Mit den 1980er Jahren brach das neue Informationszeitalter an. Dienstleistungsbranchen wie Public Relations, das Medien-, Werbe-, Computer- und Bankenwesen erfuhren besonders in den 1990er Jahren einen ungeahnten Aufschwung. Das neue Erstarken der Wirtschaft spiegelte sich unter anderem in den boomenden Märkten für Immobilien und Wertanlagen wider. Wir kauften Häuser, Autos, Aktien und dergleichen mehr. Mit neuen Technologien wie der Glasfaser und dem Silikonchip machten diese Jahrzehnte uns reicher, und das schneller als jemals zuvor. Ineffiziente und wettbewerbsschwache Branchen erlebten einen Umsturz, und Geschäftszyklen, die sich früher über einen Zeitraum von 20 Jahren entwickelten, liefen nun aufgrund der alles beschleunigenden Technologie in gerade einmal fünf Jahren ab. Es waren aufregende Zeiten für alle.

Doch die Blase platzte und brachte viele von uns wieder zurück auf den Boden der Tatsachen. Rezession und Arbeitslosigkeit lassen mehr und mehr Leute darüber nachdenken, ob der „Rausch nach immer mehr Geld und Besitz" sie wirklich glücklich gemacht hat. Wir sehnen uns wieder nach Lebensqualität. Beziehungen zu Mitmenschen und Spiritualität sind schlagartig wieder in das Zentrum unseres Interesses gerückt. Der „neue Mensch" des 21. Jahrhunderts ist geboren, und Mode und Musik der 60er sind wieder Trend. Willkommen in der Lifestyle-Revolution.

Die Lifestyle-Revolution

Wenn Sie Zweifel an der kommenden Lifestyle-Revolution hegen, gehen Sie doch einmal hinaus auf die Straßen. Die 60er sind wieder da. Plateauschuhe, Miniröcke, Psychedelic Rock, riesige Sonnenbrillen, Schlaghosen und Freundschaftsbänder sind wieder voll in Mode. Die Beatles sind wieder in den Charts, und sogar Woodstock wurde neu aufgelegt!

Die neuen Technologien und Kommunikationsmöglichkeiten werden den Umschwung hin zum Lifestyle-Trend schneller und stärker ablaufen lassen und ihm eine größere Schwungkraft verleihen als jedem anderen bisherigen Umschwung. Lifestyle ist der neue Trend in der Gesellschaft, und die Schaffung eines besseren Lebensstils ist das Bestreben eines jeden. Dieser Trend ist so stark, dass er inzwischen zum Primärtrend wurde.

Das Network Marketing ist ein Vorreiter der Lifestyle-Revolution. Man arbeitet, wann man möchte, wo man möchte und soviel man möchte. Network Marketing ist vollkommen flexibel und um einen selbst, um die eigene Person herum organisierbar. Ein Grundprinzip des Network Marketing ist, dass man anderen Leuten dabei hilft, erfolgreich zu werden, während man selbst immer wieder zur Arbeit an der Weiterentwicklung der eigenen Persönlichkeit motiviert wird. Die Lifestyle-Revolution bringt das Network Marketing und jeden, der sich dort engagiert, zum Erfolg.

Network Marketing ist ein Vorreiter der Lifestyle-Revolution. Man arbeitet, wann man möchte, wo man möchte und soviel man möchte.

Primärtrend Nr. 2
Wie verdient man Geld?

Die Revolution der Selbständigkeit

Das Einkommensparadigma

Wenn es darum geht, Geld zu verdienen, haben die meisten Menschen ein so genanntes **Arbeitsparadigma**. Ein Paradigma ist die Art und Weise, wie eine bestimmte Situation betrachtet wird. Beim **Arbeitsparadigma** wird geglaubt, dass Geld auf der Grundlage eines ‚guten Jobs' verdient wird. Zurzeit ist diese Sichtweise jedoch gefährlich, da sich die Arbeitswelt für immer geändert hat und viele Jobs bedroht sind.

Heute brauchen Sie ein **Einkommensparadigma**. Anstatt sich auf einen Job zu konzentrieren, müssen Sie sich nach Möglichkeiten umsehen, um ein Einkommen zu erwirtschaften. Es ist an der Zeit, die blinde Treue zum heiligen Job zu brechen. Der ‚Job' hat sich verändert und bedeutet nicht mehr dasselbe wie früher. Leider ist es für die meisten von uns schwierig, das Arbeitsparadigma zu verwerfen, da es in der Vergangenheit die Lösung für langfristiges Glück bedeutete.

 *Der ‚Job' hat sich verändert und bedeutet nicht mehr dasselbe wie früher.*

Sind sie ein dummer Frosch?

Wenn Sie einen Frosch in einen Topf mit heißem Wasser werfen, hüpft er gleich wieder heraus (kluger Frosch).

Wenn Sie den Frosch jedoch zuerst in einen Topf mit kaltem Wasser werfen und das Wasser dann erwärmen, bis es kocht, bleibt der Frosch glücklich im Topf, bis er stirbt (dummer Frosch).

Zurzeit denken und handeln viele Menschen wie dieser dumme Frosch. Das Problem liegt beim ‚Arbeitsparadigma', das davon ausgeht, dass ein Job eine Einkommensquelle mit langfristiger Sicherheit und vielen anderen Vorteilen darstellt. Jetzt haben sich die Dinge jedoch geändert – das Gas unter ‚ihrem Topf' wurde aufgedreht.

Wir verbringen viele Jahre in Schulen, an Hochschulen und einige von uns auch an Universitäten, um Fertigkeiten für das Leben und – noch wichtiger – für einen ‚guten Job' zu erlangen. Menschen werden nach ihrem Job eingestuft. Eltern drängen ihre Kinder dazu, einen ‚Job zu bekommen'. Wenn politische Parteien über die Verbesserung des Lebens der Menschen sprechen, sprechen sie über Jobs.

Der Grund hierfür ist, dass sich ein Job in der Vergangenheit als **stabile Einkommensquelle** erwiesen hat, die für ein besseres Leben sorgte. Je besser der Job, desto höher das Einkommen und desto besser das Leben. Man konnte sich darauf verlassen, man hatte **langfristige Sicherheit**. Einige Branchen wie die Stahl-, Bergbau- und Schiffbauindustrie sowie staatliche Ämter gingen weiter, und ein Job wurde zu einem ‚Job auf Lebenszeit'. Außerdem bot der Job Möglichkeiten für Beförderungen und andere nicht-finanzielle Leistungen wie zum Beispiel Gemeinschaftssinn, Identität, Herausforderung, Leistung und Wachstum.

Unser Arbeitsparadigma wurde:

Job = Einkommen plus eine Aussicht auf Sicherheit plus eine Aussicht auf weitere Möglichkeiten plus weitere Vorteile

Für diese zusätzlichen Aussichten und Vorteile finden wir uns mit tyrannischen Vorgesetzten, unbezahlten Überstunden und Diskriminierung ab und lassen uns vorschreiben, was wir tragen, wann wir arbeiten, wann wir erscheinen und wann wir Urlaub machen. Unter der Bedingung, dass sich unser Arbeitgeber um uns kümmert, haben wir die Verantwortung für einen Großteil unseres Lebens auf ihn übertragen.

> *FAKT IST: – Viele Menschen hassen ihren Job. Sie gehen nur zur Arbeit, um Geld zu verdienen und die sozialen Aspekte ihres Jobs mitzunehmen.*

Willkommen im Informationszeitalter

Wir befinden uns jetzt im Informationszeitalter der neuen Technologien und Weltmärkte. Diese beiden Kräfte haben die Welt für immer verändert. Wenn die Kommunikation schneller wird, gibt es auch schnellere Veränderungen. Es gibt kein Zurück.

Technologien und Weltmärkte haben unser Leben in vielerlei Hinsicht verbessert. Außerdem haben sie das ungeschriebene ‚Jobversprechen' für immer zerstört. Viele von uns fühlen sich von Organisation und Regierungen ‚im Stich gelassen', da sie ihre Versprechen gebrochen haben. In Wirklichkeit waren es jedoch Versprechen, die sie niemals in irgendeiner Art und Weise hätten einhalten können.

Auf den heutigen Märkten müssen Unternehmen in allen Bereichen und insbesondere im Hinblick auf die Arbeitskräfte effizienter sein. Arbeitskräfte stellen jetzt einen Weltmarkt dar, so dass sich Arbeitnehmer in Manchester mit Arbeitnehmern in Malaysia messen müssen. Produktivität heißt die Parole, die sich darauf bezieht, ‚wie viel ein Arbeitnehmer zu welchen Kosten produziert'. Sind die Arbeitnehmer im Vergleich zur Konkurrenz nicht produktiv, erklärt das Unternehmen diese Person / dieses Team/ diese Abteilung / dieses Werk für überflüssig und sucht nach einer effizienteren Lösung.

Wenn Gewerkschaften denken, dass sie gegen diese wirtschaftliche Realität ankämpfen können, dann träumen sie. Wir sehen ihre Versuche in Deutschland und Australien, aber eigentlich schieben sie das Unvermeidliche nur hinaus. Arbeitgeber haben keine große Wahl – entweder sind sie wettbewerbsfähig oder sie gehen zu Grunde. Die wirtschaftlichen Katastrophen Osteuropas sind ein klassisches Beispiel dafür, was passiert, wenn man versucht, gegen den Weltmarkt anzukämpfen.

> *Viele von uns fühlen sich von Organisation und Regierungen ‚im Stich gelassen', da sie ihre Versprechen gebrochen haben. In Wirklichkeit waren es jedoch Versprechen, die sie niemals in irgendeiner Art und Weise hätten einhalten können.*

Aussicht auf Jobsicherheit

Sicherheit ist eines unserer grundlegenden Bedürfnisse, für das wir andere Dinge wie persönliches Wachstum, Anerkennung und Respekt aufgeben. Der Wunsch nach Sicherheit ist so groß, dass es ganz natürlich ist, einen Job zu wollen, da er unterbewusst diese Sicherheit verspricht. Heute können Unternehmen niemandem eine Einkommenssicherheit bieten, und es ist absolut falsch, anzunehmen, dass sie es könnten.

Aussicht auf weitere Möglichkeiten

Beförderungen machen einen wesentlichen Bestandteil eines Jobs aus, solange man seine Leistung erbringt und ‚ins Unternehmen passt'. In einigen Organisationen beruhte das gesamte Beförderungskonzept auf der Betriebszugehörigkeit im Vergleich zur Kompetenz und Produktivität. Dies traf insbesondere auf stark gewerkschaftlich organisierte Organisationen wie Docks, Stahlwerke sowie die staatliche Verwaltung zu.

In einer Welt der Budgetstraffungen und ‚flachen' Organisationen werden und können Unternehmen keine garantierte Beförderung bieten. In einigen Unternehmen gibt es zurzeit nur vier Ebenen, von der Direktion bis zur Werkstatt. Die Herausforderung und Leistung, die ‚Leiter hochzuklettern', ist längst vergangen.

Weitere Vorteile

Darüber hinaus gibt ein Job vielen das Gefühl von Zugehörigkeit und Identität. Menschen tragen die Unternehmen, für die sie arbeiten, oder ihren Beruf wie ein Schild. Stolz bekunden sie ‚Ich arbeite für Ford', ‚Sie arbeitet für IBM' oder ‚20 Jahre in der Army'. Diese Bekundungen beeindrucken Menschen. Sie könnten schlecht bezahlt, überarbeitet, überlastet und schlecht geführt sein, aber ‚sie arbeiten für XYZ GmbH'.

In der neuen Wirtschaftswelt tut mit jeder Leid, der einen Job bei diesen großen Organisationen hat, da viele unter dem Schatten der Entlassung leben. Es ist traurig, dass bereits Millionen entlassen wurden.

Der international angesehene Unternehmensguru Professor Handy bezeichnet diese Zeit als ‚die Zeit der Unvernunft' und weist darauf hin, dass wir in Zukunft unser Geld ganz anders verdienen werden als in der Vergangenheit. Kurzum, ein neues Paradigma. Wenn Sie Sicherheit, Entwicklungsmöglichkeiten, Herausforderungen, Leistung und mehr Vorteile wollen, dann suchen Sie nicht in der Arbeitswelt danach.

In der neuen Wirtschaftswelt müssen Unternehmen:

1. **Leistungsstarken, hochwertigen Mitarbeitern mehr zahlen.**
2. **Allen anderen weniger zahlen.**
3. **Leute durch neue Technologien ersetzen, insbesondere im Management- und Verwaltungsbereich sowie Handarbeiter.**
4. **Teilzeit- oder Leiharbeiter beschäftigen, die nicht dieselben sozialen Verpflichtungen bezüglich Entlassung, Ausbildung, Rente, Krankengeld und Urlaub bedeuten.**

Dieser anhaltende und unvermeidliche Prozess schafft zwei Arten von Arbeitskräften:

1. Stammarbeiter sind die Arbeitskräfte, die als das Vermögen eines Unternehmens betrachtet werden könnten und das wertvolle ‚Element Mensch' eines Unternehmens wie beispielsweise wichtige Kundenbeziehungen, spezielle Fertigkeiten oder Fähigkeiten ausmachen.

Diese wertvollen Arbeitskräfte werden höher bezahlt, haben mehr Verantwortung und mehr Stress. Jede Woche lesen wir Berichte, in denen gesagt wird, dass die Arbeitsbelastung für die Arbeiter und das Management zu hoch wird. Der Stress nimmt zu und greift die Gesundheit und den Lebensstil vieler Stammarbeiter ernsthaft an.

Bringt man dies mit der Entwicklung der Lebenshaltung in eine Beziehung, wird deutlich, weshalb so viele Stammarbeiter und Fachleute nach Wegen suchen, um aus dem Teufelskreis herauszukommen und einen besseren Lebensstil zu genießen.

„Es ist fast unmöglich, aus dem Teufelskreis auszubrechen."

Lilly Tomlin

2. Hilfsarbeiter sind für das Unternehmen entbehrlich.

Hilfsarbeiter machen den Großteil der meisten Unternehmen aus, da sie die Stellen des Managements, der Verwaltung, der Finanzen, der Fertigung, des Service und anderer systematisierter Bereiche einnehmen. Sie sind die wahren Opfer dieser Unternehmensveränderung. Es sind ihre Löhne und Positionen, die gekürzt werden. Sie werden in hellen Scharen entlassen oder als Leih- oder Saisonarbeiter eingestellt. Da sie über allgemeine Fertigkeiten verfügen, bräuchten sie die Jobsicherheit mehr als der durchschnittliche ‚Stammarbeiter'. Sie sind diejenigen, die das ‚Arbeitsparadigma' für wahr halten wollten. Sie sind diejenigen, die sich am meisten im Stich gelassen fühlen werden, wenn es zerstört ist.

Komplette Strukturveränderung

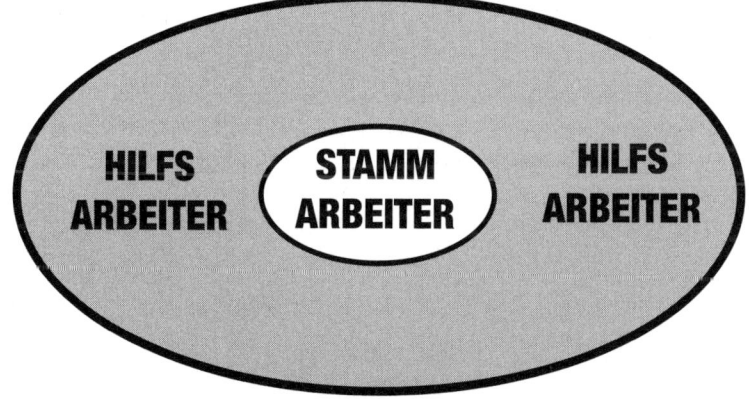

HILFS ARBEITER — STAMM ARBEITER — HILFS ARBEITER

Technologien und Weltmärkte verändern die komplette Struktur des Arbeitsmarktes, der dann wiederum die Art, wie wir leben, verändert. Es geht nicht nur um den Verlust der Jobsicherheit und Möglichkeiten. Diese Strukturveränderungen wirken sich auf viele Dinge aus, zum Beispiel welche Ausbildung wir zu benötigen glauben und wo wir leben müssen.

Eines ist sicher – das 21. Jahrhundert wird mit dem 20. Jahrhundert nicht mehr viel gemeinsam haben. Um die Zukunft zu genießen, müssen wir die Welt und ihre Veränderungen verstehen und akzeptieren. Dadurch erhalten wir die Möglichkeit, die Verantwortung zurückzubekommen, die wir unterbewusst auf Regierungen und Unternehmen übertragen haben, um unser Leben zu kontrollieren. Um diese Ausführungen zu untermauern, folgen nachstehend einige unterstützende Wirtschaftsbeobachtungen:

> *Technologien und Weltmärkte verändern die komplette Struktur des Arbeitsmarktes, der dann wiederum die Art, wie wir leben, verändert.*

Keine Veränderungen sind sehr teuer.

Wenn Unternehmen und Regierungen ihre Köpfe in den Sand stecken und Veränderungen ablehnen, schieben sie das Unvermeidliche nur hinaus und lassen Veränderungen für alle anderen dramatischer und schmerzvoller werden.

Keine große Industrie ist sicher.

Sogar das sichere, geschützte Bankwesen hat Tausende entlassen.

Keine ‚Jobs auf Lebenszeit.

Selbst die ‚sicheren' Arbeitsumgebungen wie beispielsweise staatliche Ämter, Streitkräfte und gewerkschaftlich organisierte Unternehmen haben den ‚Job auf Lebenszeit' verloren, da Regierungen die Budgets straffen mussten. Leider verfügen diese Menschen nur über einige der Fertigkeiten, die erforderlich sind, um in der modernen Welt eine rosige Zukunft zu erleben.

Entlassungen haben erst begonnen.

Unternehmen und Regierungsorganisationen haben im Vergleich zu anderen Ländern, die vor Jahren ‚Rationalisierungsprogramme' eingeführt haben, gerade erst mit Massenentlassungen begonnen.

Sehr hohe Unterbeschäftigung.

Die Arbeitslosenzahlen sind ein großer Schwindel, da sie nicht die Millionen von Menschen jeden Alters einschließen, die sich in Ausbildungsprogrammen befinden, keine Leistungen angemeldet haben, in Teilzeit beschäftigt sind oder niedrige Renten beziehen. Diese Menschen sind die Unterbeschäftigten und oft die wahren Opfer der Arbeitsplatzveränderungen.

Warum erneut einstellen?

Selbst wenn die Wirtschaft stärker wird, werden große Organisationen Arbeitskräfte in den Massen, wie es sie jetzt gibt, nicht wieder einstellen, da sie sich nun der Kosten einer Entlassung bewusst sind. Wiedereinstellungen wird es in Form von Teilzeit- oder Leiharbeit geben.

Teilzeit-, niedrig qualifizierte und gering bezahlte Jobs.

Für Hilfsarbeiter sind die neuen Jobs Teilzeitjobs, die vorwiegend gering bezahlt und niedrig qualifiziert sind. Aus diesem Grund werden sie treffend als ‚McJobs' bezeichnet. Unternehmen siedeln in Niedriglohngebiete um und sorgen somit für einen geringen Anstieg des tatsächlichen Wertes der Löhne.

Härterer Kampf um Jobs.

Die Arbeitslosen und Unterbeschäftigten müssen sich zudem gegen immer mehr Hausfrauen, Schulabgänger und pensionierte Menschen behaupten.

Über 40-Jährige haben die besten Jahre hinter sich.

Ein weiterer, stark zunehmender Trend sind Zwangsentlassungen von Menschen über 40. Das Institute of Employment Consultants berichtet, dass sich 75 % der Arbeitgeber Bewerber zwischen 21 und 30 Jahren wünschen und 60 % von ihnen Altersgrenzen festlegen. Über-50-Jährige werden am wenigsten gewünscht. Arbeitgeber halten sie für überqualifiziert und überteuert.

Reiche werden reicher.

Und die Armen ärmer. Die Kluft zwischen den Einkommen der Reichen (die obersten 20 % der Einkommen) und Armen (die unteren 20 %) hat sich weiter vertieft. In den 70er Jahren des 20. Jahrhunderts war das Einkommen eines Reichen im Durchschnitt viermal höher als das eines Armen. Jetzt siebenmal.

Länger leben.

Eine Tatsache, die diese Wahrheiten verschlimmert, ist, dass die meisten Menschen länger leben. Die Chancen stehen gut, dass Sie bis zu 70, 80 oder 90 Jahre alt werden. Es könnte sein, dass Menschen 10 bis 30 Jahre ohne einen starken Finanzfluss und ohne eine entlohnte Beschäftigung leben müssen. Die Demütigung der Armut wird ansteigen.

Die wahre Zeitbombe

Als ob das Ende der Jobsicherheit und Möglichkeiten nicht genug wäre, stellen die Renten die wahre Zeitbombe dar. Eine Aussage im letzten Bericht des Institute for Public Policy Research sagt alles…

,Das gegenwärtige System ist für viele Menschen nicht zufrieden stellend. Diejenigen, die gering bezahlt werden, in Teilzeit, gelegentlich, mobil, selbstständig oder für kleine Firmen arbeiten oder ihren beruflichen Werdegang aufgrund von familiären Verantwortungen, Arbeitslosigkeit, Krankheit oder Erwerbsunfähigkeit unterbrochen haben, sind im Alter eher arm.'

Mit anderen Worten: Wenn Sie nicht zur exklusiven Gruppe der Stammarbeiter gehören, werden Sie wahrscheinlich viele Jahre Ihres Lebens in Armut leben. In wirklicher Armut.

Die meisten Menschen mühen sich in ihrem Leben ab, mit ihrem Einkommen zu überleben, nur um mit etwa 25 % dieses Einkommens in Rente zu gehen! Armut ist so schwierig, wenn man alt ist.

,Baby Boomer' stehen vor dem Ruhestand.

Die größte Altersgruppe in den am meisten entwickelten Ländern ist die, die zwischen 1946 und 1964 geboren wurde – eine Gruppe, die landläufig als die ,Baby Boomers' bezeichnet wird. In den nächsten 10 bis 20 Jahren geht diese Gruppe in den Ruhestand und nimmt einen sehr großen Teil der Bevölkerung aus dem produktiven Leben und überlässt ihn dem Vertrauen auf die Regierung (und die verbleibenden Steuerzahler).

Dies ist eine nationale Krise, die so groß ist, dass ihr die meisten Politiker nicht gegenübertreten wollen.

Regierungen können es sich nicht leisten, in Zukunft Renten zu zahlen, ohne die Steuersätze auf über 75 % anzuheben – was nicht passieren wird.

Ein neues Paradigma

Vergessen Sie das Arbeitsparadigma. Die einzige lebensfähige Einstellung, wie Geld zu verdienen ist, ist ein **EINKOMMENSPARADIGMA**. Sie sollten sich darauf konzentrieren: **‚Wie komme ich zu einem Einkommen?'** und nicht ‚Wo finde ich einen Job?'. **Diese neue Lebenseinstellung sollte es Ihnen ermöglichen,** das Potenzial eines Jobs, eines Geschäfts oder einer Bildungsmöglichkeit realistisch zu bewerten.

Millionen werden aus vielen Gründen ein neues Einkommen brauchen, und viele werden vom Arbeitsmarkt im Stich gelassen. Deshalb sind sie gezwungen, über die Selbstständigkeit nachzudenken, um sich ein Einkommen zu sichern. Der Trend zur Selbstständigkeit ist der nächste PRIMÄRTREND, der sich darauf konzentriert, ‚Wie man Geld verdient'.

Es gibt zwei Arten von Menschen, die sich selbstständig machen:

1. Die, die wollen. Hierzu gehören Stammarbeiter, die aus der Welt fliehen wollen, in der eine Krähe der anderen ein Auge aushackt. Erinnern Sie sich an Trend 1? Sie suchen nach einem besseren Lebensstil und einer lohnenderen Arbeitsumgebung.

2. Die, die müssen. Hierzu zählen die Hilfsarbeiter (und ein paar ‚zusammengeklappte' Stammarbeiter), die eine Möglichkeit der Selbstständigkeit finden müssen.

Die meisten scheitern

Die meisten Menschen, die sich für ein Einkommen selbstständig machen wollen, haben nicht das Geld, das Wissen, die Fertigkeiten oder das Vertrauen, um ihr eigenes Geschäft erfolgreich zu führen. Viele versuchen es und scheitern. Es ist keine Überraschung, dass 80 % der neuen Unternehmungen innerhalb der ersten zwei Jahre scheitern.

Die Volksfranchise

Menschen brauchen eine andere Form der Einkommensmöglichkeit. Sie brauchen ein Geschäft, bei dem sie nicht über Vorkenntnisse oder besondere Fertigkeiten verfügen müssen. Ein Geschäft mit geringen Investitionen und ganz geringen Risiken. Ein Geschäft, bei dem ihnen geholfen wird und sie unterstützt werden, während sie lernen und ihren Lebensunterhalt verdienen. Ein Geschäft, das keine Unterschiede in Bezug auf Alter, Gesundheit, Standort, Geschlecht, Erfahrung, Fertigkeiten oder Ausbildung macht.

Menschen brauchen ein bewährtes Geschäftssystem, in dem sie eigenständig UND mit anderen arbeiten. Im Grunde ist das, was wir hier beschreiben, eine Art kostengünstiges Franchising. Eine Franchise, die sich jeder leisten kann und bei der jeder eine gute

Chance hat, hinsichtlich der aufgewandten Zeit und Mühe Geld zu verdienen. Eine ‚Volksfranchise'.

Network Marketing ist die einzige Branche, die eine ‚Volksfranchise' bietet. Es ist eine neue Schlüsselbranche und steht an der Spitze des PRIMÄRTRENDS zur Selbstständigkeit. Die Selbstständigkeit nimmt weltweit zu, da große Gruppen weiter aus dem ‚Arbeitsmarkt' ausgeschlossen werden. Für diese Menschen stellt Network Marketing eine sehr attraktive Möglichkeit dar.

Network Marketing ist die einzige Branche, die eine ‚Volksfranchise' bietet.

Armut vermeiden

Es wäre falsch, die Erwirtschaftung eines Einkommens zu besprechen, ohne kurz das Konzept der finanziellen Sicherheit anzusprechen, und darauf einzugehen, was Menschen mit ihrem Einkommen machen. Dies ist eine Sache, die nur wenige verstehen, von der aber alle wissen, wie wichtig sie ist, um ein glückliches und erfolgreiches Leben zu führen.

Leider ist es so, dass nur 4 % der Bevölkerung finanziell abgesichert sind, wenn das 65. Lebensjahr erreicht wird. Alle anderen sind entweder verstorben oder pleite.

'Pleite' bedeutet, dass Sie sich auf Nächstenliebe oder auf die staatliche Sozialhilfe verlassen müssen, um zu überleben. Sie haben Ihre finanzielle Situation nicht in der Hand und werden leiden, wenn die alternde Bevölkerung die meisten Volkswirtschaften des Geldes wegen unter Druck setzt.

Tatsächlich zeigen Statistiken, dass das durchschnittliche 'Renteneinkommen' der Über-65-Jährigen für gewöhnlich der Hälfte des durchschnittlichen Volkseinkommens entspricht. Mit den derzeitigen Lebenshaltungskosten sowie der alternden Bevölkerung bedeutet dies für die meisten Menschen Armut.

Also, warum sind Menschen so arm?

Wie kann es sein, dass sich eine Person mit 40 und mehr Arbeitsjahren in der heutigen Wohlstandswelt im Ruhestand auf Nächstenliebe und den Staat verlassen muss? Wie können Menschen so dumm, faul oder ignorant sein?

Dies sind starke Worte, aber wir müssen klar erkennen, was Experten vorhersagen: Die meisten Menschen sind im Durchschnitt 20 Jahre Rentner. Folglich werden die meisten Menschen 20 Jahre in Armut leben!

Der Grund ist einfach. Menschen planen nicht, arm zu sein. Sie planen auch nicht, finanziell abgesichert zu sein. Was die finanzielle Planung angeht, so verhalten sie sich wie der Strauß, der seinen 'Kopf in den Sand steckt', und hoffen, dass sie im Lotto gewinnen, das große Geld erben oder ihre Kinder sie reich machen (und sich um sie kümmern). Somit scheitern sie bei der Planung (und planen das Scheitern).

Schlechte Einstellung

Viele Menschen glauben auch, nicht zu wissen, wo sie nach einer anderen Möglichkeit suchen können, um Geld zu verdienen und somit finanzielle Sicherheit zu schaffen – oder sie glauben, dass sie Geld verdienen können. Um ihre Ignoranz zu verbergen, erhalten sie die Einstellung aufrecht, dass ‚man nicht über Geld sprechen sollte' oder dass ‚Geld die Wurzel allen Übels sei'.

Der Preis dieser Einstellung zum Geld spiegelt sich in Stress und Armut wider.

Was ist finanzielle Sicherheit?

‚Finanzielle Sicherheit' bedeutet, ein ausreichendes Einkommen zu haben und Vermögen zu bilden, um den gewünschten Lebensstandard zu erreichen, ohne für Geld arbeiten UND ohne sich auf jemand anderen verlassen zu müssen. Sie haben Ihre finanzielle Zukunft persönlich ‚abgesichert'. Sie müssen nie wieder arbeiten, SELBST wenn Sie eine schwere Krankheit erleiden und erhebliche Arztkosten auf Sie zukommen.

Nicht enden wollende Schulden

Die meisten Menschen haben einen ‚schwarzen Gürtel', wenn es um das Ausgeben von Geld geht. Sie auch?

Tatsächlich sind die meisten Menschen so gut, dass sie mehr Geld ausgeben als sie verdienen. Sie auch?

Wie können wir mehr ausgeben als wir verdienen? Indem wir uns natürlich etwas leihen. Darlehen, Kreditkarten usw.

Die erschreckende Nachricht ist, dass gegenwärtig über 90 % der Menschen verschuldet sind, und unsere Verschuldung in den letzten 20 Jahren abhängig vom Land und der sozioökonomischen Gruppe um 200 bis 300 % sprunghaft angestiegen ist. Um also in unserem Leben finanzielle Sicherheit zu schaffen, den Stress abzubauen und die Gefahr der Armut im Alter zu verringern, müssen Menschen nicht nur in ihre Zukunft investieren, sondern auch ihre Schulden loswerden.

Zusatzeinkommen ist der Schlüssel

Das Einkommen, das Sie verdienen, kann entweder für Ihre Lebenshaltung (für heute) oder für Ihren Reichtum (für morgen) ausgegeben werden. Entspricht Ihr Einkommen nicht Ihrer Lebenshaltung, verschulden Sie sich und geraten in Armut.

Wenn Ihr Einkommen Ihrer Lebenshaltung entspricht, ‚leben Sie für das Heute'. Folglich bauen Sie keinen Reichtum auf und entscheiden sich, heute die finanzielle Belastung zu ertragen und im Alter arm zu sein.

Die einzige Möglichkeit, die finanzielle Belastung zu verringern und Ihre Zukunft abzusichern, ist die, weniger Geld für Ihre Lebenshaltung auszugeben als Sie verdienen und somit ein MEHREINKOMMEN zu erwirtschaften, das Sie in Ihren Reichtum sowie in Ihre finanzielle Sicherheit investieren.

Der Schlüssel zur Vermögensbildung ist ein Zusatzeinkommen

Anschließend müssen Sie Ihr Mehreinkommen in VERMÖGENSGEGENSTÄNDE investieren, die Einkommen erwirtschaften. Zu Vermögensgegenständen zählen Aktien, Obligationen, Immobilien und verwaltete Fonds. Ein verzinsliches Bankkonto ist kein sinnvoller Vermögensgegenstand, da es selten Gewinn abwirft, der dann noch der Inflation unterliegt.

> ### Der Schlüssel für finanzielle Sicherheit ist der Aufbau einer Grundlage für einkommensbringende Vermögensgegenstände

Sparen oder investieren?

Die meisten Menschen denken, dass sie für Ihre Zukunft ,sparen' sollten. Dieser Begriff ist nicht richtig, da er beinhaltet, Geld wegzulegen. Mit den ansteigenden Lebenshaltungskosten und einem längeren Leben ist das ,Weglegen von Geld' nicht gut genug – Sie müssen das ,Geld vermehren', das heißt ,investieren'. Deshalb sind Bankkonten Zeitverschwendung.

Wie viel sollte ich investieren?

Das bekannte Finanzbuch ,Der reichste Mann von Babylon', empfiehlt, mindestens 30 % Ihres Einkommens zu investieren. Robert Kiyosaki stimmt in seinem Buch ,Rich Dad, Poor Dad' (,Reicher Vater, armer Vater') mit dieser Zahl überein.

Eigentlich sollten Sie anspruchsvoller sein und sich finanziell beraten lassen, wie viel Sie über welchen Zeitraum investieren müssen, um Ihre finanziellen Ziele zu erreichen. Die meisten wären von dem Betrag, den sie eigentlich investieren müssen, geschockt.

WIE FÜHLEN SIE SICH?

Viele werden die vorherigen Absätze gelesen haben und absolut nichts fühlen. Der Grund hierfür ist, dass sie davon überzeugt sind, dass sich entweder ihr Unternehmen um sie kümmern wird oder dass sie eine staatliche Rente erhalten (Irrglauben). Oder aber sie glauben, dass sie niemals ein Mehreinkommen erwirtschaften können und wenn doch, dass sie dann nicht wüssten, wie sie es investieren sollten (Ignoranz). Diese Einstellungen sind die Garantie für Stress, Krankheit und Armut.

FAKT IST:
- Die meisten Renten sorgen nicht für ein ausreichendes Einkommen, um finanziell abgesichert zu sein. Sie werden aus guten Gründen als ,unterkapitalisiert' bezeichnet.
- Jeder kann eine ausgezeichnete Beratung bekommen, die ihn bei der Investition seines Geldes unterstützt.
- Jeder kann ein Mehreinkommen erwirtschaften, das ihm Investitionen ermöglicht.

Wie jeder ein Mehreinkommen erwirtschaften kann

In seinem Buch Cashflow Quadrant erklärt Kiyosaki, dass es vier Wege gibt, um Geld zu verdienen. Zwei dieser Wege sind aktiv (linke Seite), das heißt, dass man aktiv arbeiten muss oder das Geld fließt nicht mehr. Dies gilt für Arbeitnehmer und Selbstständige.

Auf der anderen Seite des Quadranten stehen die ,passiven' Formen zur Erwirtschaftung eines Einkommens – Investoren oder Geschäftsinhaber. Passiv bedeutet, dass Sie ohne Ihre Beteiligung ein Einkommen erwirtschaften.

Geschäftsinhaber erstellen ,Systeme', die selbst dann Geld bringen, wenn sie nicht da sind. McDonald's ist ein großartiges Beispiel für ein Geschäftssystem, das Geld macht. Der Erfolg von McDonald's beruht nicht auf den Hamburgern, sondern auf dem System, dass die Hamburger liefert. Investoren verfügen über Vermögensgegenstände, die Einkommen erwirtschaften – mit anderen Worten: Ihr Geld bringt ihnen Geld.

Arbeitnehmer	Geschäftsinhaber
AKTIV	PASSIV
Selbstständiger	Investor

CASHFLOW QUADRANT ™

Ein Arbeitnehmer arbeitet für einen geringen Lohn für jemand anderen. Der Selbstständige arbeitet allein, seine Arbeit ist seine Haupteinkommensquelle. Hierzu zählen zum Beispiel Buchhalter, Einzelhändler, Immobilienmakler, Künstler, Klempner, Sportler und Friseure. Sie ,besitzen einen Job'.

Das Problem bei diesen beiden Formen des ,aktiven' Einkommens ist, dass man nichts mehr verdient, wenn man nicht mehr arbeitet. Die einzige Möglichkeit, sich aus diesem Dilemma zu befreien, ist die Erwirtschaftung eines Mehreinkommens, um in Vermögensgegenstände zu investieren oder ein Geschäft aufzubauen. Die meisten Menschen finden es fast unmöglich, ein ausreichendes Mehreinkommen zu erwirtschaften, um sich finanziell abzusichern. Somit müssen sie andere Möglichkeiten in Betracht ziehen, um ein Einkommen zu erwirtschaften. Sie müssen Wege finden, ihren Gewinn von der linken Seite des Quadranten auf die rechte Seite zu bewegen.

*Cashflow Quadrant ist ein eingetragenes Warenzeichen von Cashflow Technologies Inc.

Die Lösung des Network Marketing

Das Network Marketing beruht auf dem Betrieb eines ‚Volksfranchise'-Systems. Sie betreiben das System und bilden somit ein Vermögen, das ein Einkommen erwirtschaftet. Das System kann ein Einkommen erwirtschaften, ohne dass Sie arbeiten. Somit bewegen Sie sich von einem selbstständigen AKTIVEN Einkommen zu einem passiven Einkommen eines Geschäftsinhabers.

Die Möglichkeit des Network Marketing ist eine Art ‚CASHFLOW CREATOR' der für den Cashflow sorgt, den Sie benötigen, um finanziell abgesichert zu sein, alle finanziellen Belastungen in Ihrem Leben loszuwerden und so zu leben, wie Sie es wollen. Die neue Möglichkeit des Direktverkaufs bedeutet, dass jeder Mensch Armut vermeiden und finanzielle Sicherheit erreichen kann.

Primärtrend Nr. 3
Wie verkaufen Unternehmen?

Revolution Direktverkauf

Der nächste Bereich, den wir untersuchen, ist die Wirtschaft – wie wir Produkte herstellen und verkaufen. Unsere Zeitungen sind voll mit Artikeln, die die Revolution in der Herstellung von Produkten erläutern, eine Revolution, die zuerst in Japan begann und jetzt von China angeführt wird. Komplexe Technologien, Niedriglöhne und riesige Fabriken haben die Kosten der Produkterzeugung dramatisch gesenkt.

Wenngleich die Veränderungen in der Herstellung verblüffend sind, ist der Primärtrend doch darin zu finden, wie die Unternehmen ihre Produkte verkaufen oder vertreiben. Die großen Distributoren kontrollieren mittlerweile die Wirtschaft mit ihren riesigen Supermärkten, Kettengeschäften und Produktlagerhäusern. Sie haben ihre Revolution gehabt, und der große neue Trend ist der Direktkauf des Verbrauchers. Dies ist das Zeitalter des Direktkaufs, und das ist für das Wachstum des Network Marketing ganz entscheidend.

Für den Durchschnittsbürger sind Konsumgüter und Dienstleistungen die Geschäftsbereiche, in denen man tätig sein sollte, ob man nun das Produkt herstellt oder es vertreibt. Die Herstellung war früher die Wachstumsseite des Geschäfts, jetzt ist es der Vertrieb. Professor Paul Pilzer erklärt in seinem Buch „Sollte man kündigen, bevor man gefeuert wird", warum:

In den 60er Jahren betrug der Anteil der Herstellungskosten am Endpreis eines Produkts üblicherweise über 50 %, die anderen 50 % entfielen auf den Vertrieb. Wenn das Produkt 300 Euro kostete, betrugen die Herstellungskosten 150 Euro.

Wenn der Hersteller durch neue Technologie eine Einsparung von 20 % erzielen konnte (30 Euro), dann konnte er den Preis um 30 Euro senken oder die 30 Euro als zusätzlichen Gewinn behalten. Dies waren interessante Einsparungen und förderte die zunehmende Nutzung neuer Technologien.

Heute ist der Preis dieses 300 Euro Produkts wahrscheinlich auf rund 100 Euro gefallen und – was noch wichtiger ist – der Anteil der Herstellungskosten am Endpreis beträgt nicht mehr als 20 %, wahrscheinlich eher 10 %. Würde der Hersteller heute neue Methoden anwenden und eine Einsparung von 20 % erzielen, würde das den Preis nur um 4 Euro senken. Auf der anderen Seite würde eine Einsparung von 20 % beim Vertrieb den Preis um 16 Euro senken. Viermal so viel Gewinn für die gleiche prozentuale Verbesserung. Die Möglichkeiten, um reich zu werden, liegen im Vertrieb!

	1960			2000		
Verkaufspreis	**300 Euro**	20 %	Einsparung	**100 Euro**	20 %	Einsparung
Herstellung	50 %	30 Euro	----->	20 %	4 Euro	
Vertrieb	50 %	30 Euro	----->	80 %	16 Euro	

„Die bestbezahlte Person in der ersten Hälfte dieses Jahrhunderts wird der Geschichtenerzähler sein."

Rolf Jensen, dänischer Futurist

Rolf Jensen meinte damit nicht schreibende Autoren wie Harry Potters J. K. Rowling. Er beschrieb den Aufstieg der kommerziellen Geschichtenerzähler, der einflussreichsten Personen im Verbraucher-Marketing.

Das 20. Jahrhundert war das „Verbraucher-Jahrhundert". Zu Beginn des Jahrhunderts konnten die Massen lediglich ihre Grundbedürfnisse befriedigen; ihre Urenkel sind in der Lage, sich Produkte zu leisten, die einst nur den Reichen vorbehalten waren. Der Markt reagierte, indem er jedes Konsumprodukt erzeugte, das man sich nur vorstellen konnte, in jeder erdenklichen Variation.

Im 21. Jahrhundert hat der Verbraucher unbegrenzte Auswahl, und der Wettbewerb auf dem Verbrauchermarkt dreht sich darum, den Verbraucher zum Kauf zu animieren – entweder durch Warenverkauf (große Geschäfte mit einfachen Produkten zu niedrigsten Preisen) oder durch Geschichtenerzählen (den Wert eines Produkts auf inspirierende Weise erläutern).

Die Macht des Geschichtenerzählens ...

Eine alte europäische Überlieferung orzählt von einem alten Mann, der schwere Zeiten erlebt hatte und dessen Besitz in einer Auktion versteigert wurde, um seine Schulden zu bezahlen. Der nächste zum Verkauf anstehende Besitz war die geliebte Geige des Mannes.

Der Auktionator fragte nach Geboten und es blieb still im Raum. Immer niedriger ging der Preis, zu dem er die Geige anbot. Es zeigte sich kein Interessent, sodass er die Geige schließlich beinahe umsonst weggeben wollte.

Der alte Mann war außer sich, als er sich vorstellte, seine kostbare Geige würde für nichts verschenkt werden. Der alte Mann stand auf und schrie: „Halt! Halt! Geben Sie mir die Geige."

Er ging auf das Auktionspodium, legte die Geige an sein Kinn und begann, die allerschönste Musik zu spielen. Die Menge wurde von der Musik verzückt und den Augenblick nutzend rief der Auktionator: „Wer beginnt mit dem Bieten für dieses wundervolle Instrument!"

Als der alte Mann die Musik spielte, überschlugen sich die Gebote, weil die Menschen von der Möglichkeit inspiriert wurden, solch' wundervolle Musik zu spielen. Die Geige wurde schließlich für eine Menge Geld verkauft.

Wie bei dem alten Mann und seiner Geige müssen die Menschen heutzutage zum „Kaufen" inspiriert werden. Die Auswahl ist grenzenlos. Die Möglichkeiten zur Bildung neuen Vermögens für Durchschnittsmenschen basieren auf neuen Produkten und neuen Wegen, sie zu verkaufen. Der Schlüssel zum Erfolg ist Kommunikation. Positive Kommunikation. Kein Druck, nur Inspiration, eigentlich: Geschichten erzählen.

Kein Geschäftszweig ist mehr dazu geeignet, die Kraft inspirierender Kommunikation zu nutzen als Network Marketing. Hier findet man die höchstbezahlten Geschichtenerzähler des 21. Jahrhunderts.

Direktkauf verstehen

„Im Vertrieb wird die nächste verbraucherorientierte Revolution stattfinden. Direktkauf beim Produzenten - den Einzelhändler völlig umgehend, keine Zwischenstationen auf dem Weg zum Ziel."

The Popcorn Report

Hersteller haben zwei Wege zum Vertrieb ihrer Produkte:

- **Einzelhandel (Kunde geht ins Geschäft) oder**
- **Direktkauf (Geschäft kommt zum Kunden)**

Einzelhandel

Die meisten Konsumprodukte werden über den Einzelhandel vertrieben. Die Herausforderungen für den Einzelhandel sind unendlich: verschärfter Wettbewerb, rasante Marktveränderungen und eine desinteressierte, finanziell verunsicherte Öffentlichkeit.

Im Einzelhandel hat eine Revolution stattgefunden. Freundliche, hilfsbereite Geschäfte in der Innenstadt und Läden an der Ecke wurden von Einzelhandelsketten ersetzt, die sich mit Einkaufszentren auf der grünen Wiese, Shopping-Centern, Lagerverkäufen und Discountern schlagen. Das sind Anzeichen einer ausgereiften Branche, kontrolliert von riesigen Unternehmen, die Millionen ausgeben, um die Kunden in ihre Geschäfte zu locken. Große Einzelhandelsorganisationen kontrollieren jetzt den Zugang zum Kunden und erpressen die Hersteller.

Wer kontrolliert den Einzelhandel?

Der Einzelhandel wird jetzt von denen kontrolliert, die das Kapital kontrollieren. Private Aktienfonds, Wagniskapitalanleger, Aktienmärkte und die reichen Einzelhandelsketten mit schnellem Umschlag, weil ihr Kapital die einflussreichste Kraft ist. Um die „Kapitalrendite" der Kapitalisten zu befriedigen, müssen Umsatz und Gewinn der großen Einzelhandelsketten wachsen. Da der Einzelhandelsmarkt kaum wächst, müssen die Riesen den Umsatz von ihrer Konkurrenz holen und Kosten senken. Die Hauptopfer sind die kleinen Einzelhandelsgeschäfte, die zu Tausenden sterben.

Mitarbeiter werden zu Zehntausenden entlassen. Den Übriggebliebenen wird zu wenig bezahlt, um sie dazu zu motivieren, den Kunden zu bedienen und zu informieren. Mit zunehmendem Wettbewerb sinken die Preise und ebenfalls die Qualität. Es ist eine Spirale, die der Ruin vieler Einzelhändler sein wird, während der Kunde in diesem Prozess nicht wirklich gewinnt. Die Kunden werden woanders hingehen, wenn ihnen eine Alternative angeboten wird.

Direktverkauf

Direktkauf ist die Vertriebsalternative zum Einzelhandel und kann in zwei Formen unterteilt werden:

1. **Direktmarketing und**
2. **Direktverkauf**

Direkt Marketing

Das Internet und die Computersysteme haben es den Direktmarketing-Unternehmen erlaubt, den Einzelhändler wirksam und effizient zu umgehen, und diese Branche hat geboomt. Die Annehmlichkeit des Einkaufens per Internet, Post oder Telefon hat Anklang bei den Massen gefunden, und das Internet erlaubt es diesem Sektor, sich rasant in allen Bereichen des Geschäftslebens auszudehnen.

Die Achillesferse des Direktmarketing ist sein Mangel an zwischenmenschlichem Kontakt (persönliche Produkterklärung und -demonstration) und die ständig steigenden Kosten für den Aufbau eines Kundenstamms. Es wird ein extrem umkämpfter Markt, was bedeutet, dass der Verbraucher zunehmend mit Werbung und Kundenakquisition bombardiert wird. Dies wiederum reduziert die Effektivität und erhöht die Kosten.
Wer auch immer diese zwei Probleme lösen kann, wird beträchtlichen Erfolg in der digitalen Direktverkaufswelt der Zukunft haben.

Direktverkauf

Der Direktverkauf hat sich in den letzten 20 Jahren beträchtlich verändert, da neue Technologien und Techniken sein Wachstumspotential wesentlich erhöht haben. Hinter den Kulissen hat die hässliche Schwester des Vertriebs eine einschneidende Schönheitskur erhalten. Vorbei sind die Zeiten der Verkäufer vom Typ „Fuß in die Tür". Das Aschenputtel der Direktverkaufsrevolution hat Anschluss gefunden. Direktverkauf wird in zwei Kategorien unterteilt:

1. **Single-Level Marketing**
2. **Multi-Level Marketing (MLM)**

„Single-Level" oder „SLM" bedeutet, dass die Direktverkäufer nur für ihre eigenen persönlichen Verkäufe bezahlt werden. „Multi-Level" oder „MLM" bedeutet, dass die Direktverkäufer, „Distributor" oder „Berater" genannt, für ihre eigenen Verkäufe bezahlt werden UND Anteile an den Verkäufen mehrerer Ebenen von Geschäftspartner in ihrem Netzwerk erhalten.

„Single-Level" ist der „klassische" Direktverkauf. Das sind die Meister des provisionsbasierten Verkaufs, weil sie die Systeme perfektionieren, die notwendig sind, um einen Provisionsverkäufer zu finden, anzuwerben, zu schulen und dazu zu motivieren, in ein Haus oder eine Wohnung zu gehen.

Multi-Level (oder Network Marketing) entwickelte sich aus dem Single-Level und den Network-Marketing-Unternehmen, die immer noch eine verkaufs- oder kundenbasierte Einkommensmöglichkeit für alle diejenigen bieten, die mitmachen. Für die meisten Menschen, die mitmachen, ist diese Möglichkeit die primäre Einkommensquelle.

Die MLM-Weiterentwicklung: Führung

Der wesentliche Unterschied zwischen den beiden Systemen liegt darin, wie ein Unternehmen zu wachsen versucht. Single-Level Direktverkaufsunternehmen kontrollieren die Anwerbung, Schulung und Unterstützung ihres Verkaufspersonals. Um das Verkaufssystem zu verwalten, benennt ein Single-Level Unternehmen üblicherweise einen **„Gebietsleiter"**, der das Gebiet erschließt.

Network-Marketing-Unternehmen übertragen diese Rolle an die Mitglieder ihres Netzwerks und machen sie für das Wachstum verantwortlich. Sie sind nicht auf ein bestimmtes Gebiet beschränkt. Es ist diese Möglichkeit, als „Network Leader" die Zahl der Personen im Geschäft zu erhöhen, die das große Geld bietet und die Dynamik im Network Marketing erzeugt.

Jahrelang stellten die „Single-Level" Unternehmen die „Network-Unternehmen" wegen ihrer unkontrollierten Wachstumsstrategie in Frage. Was sie nicht in Frage stellen können, sind die Ergebnisse. Network Marketing wuchs viele Male schneller als Single-Level und dominiert nun die Direktverkaufsbranche.

Der Schlüsselfaktor für das Wachstum ist der **Network Leader**. Mit der Motivation der Möglichkeit zur Führung und unbegrenzten Expansion verdienen Network Leader viel mehr Geld als Gebietsleiter. Folglich verließen schließlich viele der guten Gebietsleiter die Single-Level Unternehmen und wurden Network Leader. Es ist nicht überraschend, dass Avon, die große alte Dame des Single-Level Direktverkaufs, nun ein Network Leader-Programm eingeführt hat, um ihr traditionelles Gebietsleiter-System zu ersetzen.

Die Kraft des Network Marketing sind die Network Leader

Der Aufstieg des Direktverkaufs

Seit fast fünfzig Jahren hat sich das grundlegende Geschäftsmodell des Direktverkaufs kaum verändert. Innovationen wie der Multi-Level-Zahlungsplan, Direktbestellungen des Vertreters und der Einsatz von Computern haben großen Einfluss gehabt, doch das grundlegende Modell „**Vertreterverkauf und Kundendienst**" hat sich nie geändert.

Aufgrund der vom Internet ausgelösten technologischen Veränderungen erlebt das prinzipielle Geschäftsmodell des Direktverkaufs eine Veränderung. Zum ersten Mal sehen wir wie große Direktverkaufs-Unternehmen grundlegende Veränderungen an ihren globalen Geschäftsmodellen vornehmen. Wir sehen den Beginn einer neuen Ära im Direktverkauf.

Das Internet schlagen

Es ist leicht zu denken, dass das Internet alle anderen Formen des Vertriebs dominieren wird. Dort Produkte zu finden und zu kaufen ist so einfach. Die Vertriebssysteme werden jedes Jahr besser. Trotz aller Behauptungen der Internet-Gurus hat es den Einzelhandelssektor nicht zerstört, und auch den Direktverkauf wird es nicht vernichten.

Im hart umkämpften Geschäft des Produktvertriebs ist das Finden, Aufklären und Inspirieren von Kunden der entscheidende Teil des Verfahrens. Hier ist der Direktverkauf König. Kein Geschäft, keine Homepage und kein Katalog wird je auch nur annähernd die Wirkung einer begeisterten individuellen direkten Präsentation eines Produkts an eine andere Person erreichen können. Besonders dann, wenn der Werbende „das Produkt persönlich aus eigener Erfahrung empfiehlt."

Letzter Entwicklungsschritt ...

Alle Vertriebssysteme entwickeln ein allmächtiges Geschäftsmodell, in dem jeder Beteiligte angemessen entlohnt wird. An diesem Punkt erzielt ein Geschäftsmodell seine wahre Kraft und das Wachstum explodiert.

Alle Systeme zusammen

Der Direktkauf, der ultimative Möglichkeiten bieten will, übernimmt das Beste aus allen Formen des Direktkaufs:

1. Vom Single-Level Marketing kommt die großartige Möglichkeit für ein Teilzeit- oder Vollzeit-Einkommen, entweder im Verkauf oder per Katalogbestellung. Dies erzeugt das hohe Kundenaufkommen.
2. Vom Multi-Level Marketing kommt die großartige Möglichkeit, als Network Leader zu fungieren. Dies erzeugt das Wachstum.
3. Vom Direktmarketing kommt das großartige Kundendienst-Programm, um Folgeverkäufe und Kundentreue zu erzeugen. Dies erzeugt auch Einkommenssicherheit.

Primärtrend Nr. 4
Wie kaufen Menschen ein?

Die Revolution im Verbrauchererlebnis

Sie sind bis zu 250 Werbeanzeigen pro Tag ausgesetzt!

Wohin Sie schauen, überall gibt es Anzeigen: in Zeitungen, im Radio, im Internet, auf Bussen und Gebäuden, in Fahrstühlen und Schulbüchern, auf Biergläsern und Abfalleimern. Wir werden zu Tode beworben. Informations-Überlastung.

Für jedes Bedürfnis, jeden Wunsch oder Mangel gibt es ein Produkt. Nicht nur ein Produkt, sondern eine Vielzahl von Optionen, Varianten und Alternativen. Gehen Sie in ein örtliches Geschäft, um schwarze Socken zu kaufen, und Sie werden nicht nur eine Sorte finden, es gibt sie mit langem Bein, mit kurzem Bein, aus Wolle, aus Baumwolle usw. usw. ... zahllose Optionen. Geben Sie „black socks" („schwarze Socken") bei Google ein und Sie erhalten 17.900.000 Treffer in 0,27 Sekunden. Wie entscheiden Sie?

Zahllose Anzeigen, Produkte, Preise, Sonderangebote. Scheinbar grenzenlose Auswahl macht die Entscheidung nicht leichter. Sie verursacht das größte Problem für die Verbraucher heutzutage: VERWIRRUNG.

In der Verwirrung über unsere übermäßig vermarktete Welt verlieren wir das Einkaufserlebnis. Wir verlieren unsere Fähigkeit, die Flut an Informationen zu verarbeiten, und verlieren so unsere Autorität zu wählen. Wir verlieren die Inspiration zum Einkaufen. Wie so viele andere Dinge in unserem modernen Leben wird Einkaufen zum Stress.

Was tun die verwirrten Verbraucher? Sie verlieren ihre Macht, das für sie richtige Produkt zum richtigen Preis zu wählen. Sie kaufen das falsche Produkt (oft zu einem höheren Preis). Oder kaufen überhaupt nicht!

Primärtrend ...

Der Primärtrend beim Verbraucherverhalten ist der Wunsch nach einem „vertrauenswürdigen" Einkaufserlebnis - die Revolution im Verbrauchererlebnis. Sie wollen deutliche Informationen. Sie wollen „vertrauenswürdige" Empfehlungen. Sie wollen inspirierende Produkte, Verpackungen und ein Einkaufserlebnis.

Network Marketing ist der beste Vertriebskanal, um diesen Verbraucherwunsch zu erfüllen. Er liefert ein einmaliges

Einkaufserlebnis direkt in das Heim des Verbrauchers. Hoch motivierte Menschen wollen eine positive Erfahrung erzeugen. Sie liefern die Informationen, die die Kunden brauchen, und haben die Zeit, die Produkte zu erklären. Sie haben auch persönliche Beispiele für den Wert des Produkts, um die Verbraucher zum Kauf zu inspirieren.

Professor Millers berühmtes Papier

1956 veröffentlichte Professor George Miller ein Papier, das oftmals das „wichtigste Papier in der Geschichte der Psychologie" genannt wurde, über den Umgang unseres Gehirns mit Wahlsituationen und wie wir verwirrt werden und Fehler machen.

Beim Studium psychologischer Experimente in Bezug auf das Sehen, Schmecken, Riechen, Hören usw. bemerkte er, dass wir uns nur eine bestimmte Anzahl von Optionen in unserem Kurzzeitgedächtnis merken können. Wenn es mehr Optionen gibt, werden wir verwirrt und machen Fehler. Er nannte sein Papier „Die magische Zahl Sieben, plus minus Zwei."

Sieben war die Anzahl der Optionen, die wir uns in unserem Kurzzeitgedächtnis merken können. Sieben war die Klarheit vor der Verwirrung.

Was also brauchen die Menschen heute, um die Fähigkeit zur korrekten Wahl zu erlangen? Die Antwort ist: Sieben! Es ist die Zahl der Klarheit, Einfachheit und Ordnung. Es war immer etwas Magisches an der Zahl Sieben, wie Professor Miller am Ende seines berühmten Artikels bemerkte.

„Und schließlich, was ist dran an der magischen Zahl Sieben? Weshalb die sieben Weltwunder, die sieben Weltmeere, die sieben Todsünden, die sieben Töchter des Atlas in den Plejaden, die Einteilung des Lebens in Einheiten von sieben Jahren, die sieben Tore der Unterwelt, die sieben Töne auf der Tonleiter und die sieben Tage der Woche?

Was ist mit der Sieben-Punkt-Bewertungsskala, den sieben Kategorien für das vollkommene Urteil, den sieben Objekten in der Wahrnehmung und den sieben Elementen, die wir im Arbeitsgedächtnis behalten können? Vorläufig empfehle ich, sich einer Meinung zu enthalten. Vielleicht liegt etwas Tiefes und Grundlegendes hinter all diesen Siebenen, etwas, das nur darauf wartet, von uns entdeckt zu werden."

Lehre: Wenn Sie mit Menschen zu tun haben, bieten Sie nie mehr als sieben Optionen an oder Sie riskieren, Verwirrung zu stiften.

Jeder gewinnt!

Network Marketing ist eine relativ kleine Vertriebsmethode, wenn man sie mit dem Einzelhandel vergleicht, aber sie bietet riesige Expansionsmöglichkeiten, da sie jetzt für Verbraucher, Hersteller und Teilnehmer gleichermaßen attraktiv ist.

Die Kunden gewinnen

Der Kunde profitiert enorm. Erstens die Annehmlichkeit, dass das Geschäft zu ihm nach Hause kommt. Zweitens professionelle Aufklärung über die Produkte. Schließlich ein persönlicher Kundendienst nach dem Verkauf. Der Kunde kauft auch von jemandem, der das Produkt tatsächlich benutzt, also kommt die immense Macht der „Mundpropaganda" ins Spiel. Keine andere Vertriebsform kommt in diesen Bereichen dem Network Marketing auch nur nahe, und die Unternehmen verbessern ständig ihre Dienstleistungen und Garantien.

Die Hersteller gewinnen

Network Marketing ist der Traum eines jeden Herstellers, weil sein Produkt direkt zum Heim des Kunden gebracht wird. Der Kunde wird ausschließlich über sein Produkt aufgeklärt. Der Hersteller erhält auch Kunden- und Produktabsatzinformationen viel schneller, weil er viel „näher" an den Kunden heran kommt. Er bekommt einiges an Kontrolle zurück. Da die Verkaufsmitarbeiter ausschließlich auf Provisionsbasis entlohnt werden, sind sie viel mehr motiviert, erfolgreich zu sein.

Die Teilnehmer gewinnen

Neue Technologie, neue Produkte und neue Entlohnungssysteme bedeuten, dass sich das Geschäft verändert hat, die Vergütungen und die Chancen auf Erfolg sind also gestiegen.

Network Marketing bietet die beste Win-Win-Situation für alle Glieder in der Wirtschaftskette. Andere Vertriebsformen erfüllen nicht die sich verändernden Bedürfnisse der Kunden, und zwangsläufig sind es die Kunden, die die Regeln des Vertriebsspiels bestimmen. Der Zeitpunkt, um ins Rampenlicht zu treten, war für das Network Marketing bis jetzt nicht gekommen. Erst jetzt haben wir ein geschäftigeres Leben, Unsicherheit des Arbeitsplatzes, einen vom Konkurrenzkampf geprägten Weltmarkt und neue Technologien, die es dieser Art des Vertriebs ermöglichen, mit dem Einzelhandel zu konkurrieren.

Es ist für jeden eine Win-Win-Situation!

Der richtige Ort!

Es gibt heute vier Primärtrends in der Gesellschaft und nur eine Branche, nämlich das Network Marketing, die sich an der Spitze aller vier „Revolutionen" befindet:

- **Die Lifestyle-Revolution**
- **Die Revolution Selbstständigkeit**
- **Die Revolution Direktkauf**
- **Die Revolution im Verbrauchererlebnis**

Diese einflussreichen Trends werden in den kommenden Jahren für großes Wachstum im Network Marketing sorgen. Es ist das einzige Wachstumsgeschäft, das dem Durchschnittsmenschen Möglichkeiten, Sicherheit und viele andere nicht finanzielle Vorteile bietet. Es ist wirklich „das Franchisekonzept der Menschen".

Es ist keine revolutionäre Form des Geschäftemachens. Es ist eine Methode zum Vertrieb von Konsumprodukten, die sich im Laufe der Zeit entwickelt hat. Es ist „der richtige Ort" für Menschen, die nach einem Einkommen suchen.

Der Freund des Network Marketing: die Technologie

- **Der beste Freund des Network Marketing ist die Technologie und die Veränderung, die sie erzeugt.**

- **Technologie hat so viel Reichtum geschaffen, dass wir uns nun auf Lifestyle konzentrieren, um uns glücklich zu fühlen.**

- **Technologie hat die bestehende Vorstellung von Arbeitsplatzsicherheit und Arbeitsmöglichkeiten zerstört.**

- **Technologie hat den Vertrieb zu dem Geschäft gemacht, das als Nächstes revolutioniert wird.**

- **Technologie hat es dem Network Marketing ermöglicht, über seinen Vergütungsplan zu wachsen.**

- **In der heutigen, sich verändernden Welt würde ich Technologie und Veränderung statt als meine Feinde lieber als meine Partner haben.**

Zuversicht ist die Brücke, die Erwartungen und Leistung, Einsatz und Ergebnisse verbindet. Sie liegt der Leistung von Einzelpersonen, Teams, Unternehmen, Schulen, Volkswirtschaften und Völkern zugrunde.

Die grundlegende Aufgabe von Führern ist es, Zuversicht vor dem Sieg zu inspirieren, um den Einsatz anzuziehen, der den Triumph möglich macht.

Rosabeth Moss Kanter

Eine Gelegenheit wird von den meisten Menschen versäumt, weil sie in Arbeitsanzügen gekleidet ist und wie Arbeit aussieht.

Thomas Edison

Die Richtige Zeit
Boom - Zeit

Im Trend Journal stand ganz richtig:

„Timing ist alles."

Sie können das beste Produkt haben oder das beste Unternehmen der Welt in der Schlüsselbranche der Zukunft, aber wenn Ihr Timing nicht stimmt, werden Sie Probleme haben, erfolgreich zu sein. Wählen Sie den richtigen Moment, und der Schwung des Markts wird Wachstumsmöglichkeiten schaffen, mit denen sogar eine gewöhnliche Person außergewöhnliche Ergebnisse erzielen kann.

Wenn Sie sich <u>zu früh anschließen</u>, dann müssen Sie einer dieser querköpfigen, dickhäutigen Pioniere sein, denen es Spaß macht, neue Möglichkeiten zu erschaffen. Sie sind die Rabauken, die Stehaufmännchen, die Visionäre, die darauf vorbereitet sind, die Rückschläge, die Misserfolge und die Abweisungen einzustecken.
Viele glauben, dass sie Pioniere wären, aber in Wirklichkeit sind weniger als 1 % der Bevölkerung darauf vorbereitet, angesichts von Misserfolgen durchzuhalten, bis sie erfolgreich sind. Der geringe Prozentsatz der Pioniere, die es bis zur Wachstumsphase der Branche durchhalten, verdient oft sehr viel Geld und das sicherlich auch zu Recht.

Wenn Sie sich zu spät anschließen, dann werden die wirklichen Wachstumsmöglichkeiten vorbei sein, und Ihr Unternehmen wird von Sorgen über die Zukunft beherrscht werden.

Wie am Anfang des Buches erläutert, wachsen alle Branchen in einem Lebenszyklus. Die beste Zeit, sich anzuschließen, ist zu Beginn der Wachstums- oder der Auslesephase. Diese Phase nennt man auch Konsolidierungsphase bzw. SHAKEOUT
Mit 100 Milliarden US-Dollar Umsatz und über 50 Millionen beschäftigten Menschen ist das Network Marketing keine neue Branche mehr. Network Marketing hat seine Wachstumsphase erlebt.

Mit der Kraft von vier unterstützenden Primärtrends war das enorme Wachstum des Network Marketing unvermeidlich, und es tritt jetzt in seine Auslesephase ein. Jetzt ist der richtige Zeitpunkt, um sich anzuschließen.

Phasen im Lebenszyklus einer Branche:

NACHFRAGE

Entstehung | Wachstum | Auslese | Reife | Niedergang

ZEIT

Die Auslese (Konsolidierungs)phase in anderen Branchen

Personal Computers (PCs)

In den späten 70ern wurde der Personal Computer oder PC geboren. Erfunden von IBM wurde der PC-Boom damals von Apple mit ihren einzigartigen Apple 2, später Macintosh-PCs angeführt. Andere Unternehmen wie Wang und Commodore schlossen sich dem Boom an, als Organisationen die Vorzüge des Computers entdeckten. Die PC-Branche wuchs rasant in der ganzen Welt und nutzte verschiedene Betriebssysteme, Mikroprozessoren und Software-Plattformen. Wer PCs benutzte, der wird sich daran erinnern, dass das Produkt fehlerhaft war, weil die Computer oft „abstürzten" und die Benutzer deshalb frustriert und verärgert waren. Kundendienst bestand nicht!

Mitte der 80er schufen Intel und Microsoft schließlich ein (strategisch gesprochen) „vorherrschendes" Betriebssystem. Dieses Betriebssystem (mit dem Namen „Wintel") wurde von einer ausreichenden Anzahl führender PC-Hersteller als gut genug angesehen, um zur Branchenorm zu werden, und deshalb konnten sie die Branche auf eine neue Weise wachsen lassen.

Angeführt von einigen alten Unternehmen und neuen Unternehmen wie Compaq, Acer und Dell explodierte das Wachstum der PC-Branche. Sie verkauften den PC als Konsumprodukt statt als „Technologie für Organisationen". Mit dem Wintel-System in ihren PCs begann die Öffentlichkeit dem PC zu vertrauen und die Computerbranche anzunehmen. Innerhalb von zehn Jahren wurde auf jeden Schreibtisch und in viele Heime ein PC gestellt.

Infolge dieses Auslese-Booms wurden in einem einzigen Jahrzehnt viele zu den reichsten Männern der Welt und Hunderttausende zu Millionären.

Der Zeitraum von 1970 bis Mitte der 80er Jahre war die „Wachstumsphase" der PC-Branche. Von Mitte der 80er bis spät in die 90er lief die Auslesephase. Die für den Erfolg erforderliche Kernstrategie basierte auf dem Verkauf von Verbraucher-PCs mit dem Wintel-System. Apple ignorierte dies und bezahlte den Preis. Andere Unternehmen versuchten, neue Systeme zu entwickeln, um mit Wintel zu konkurrieren, und alle von ihnen scheiterten.

Die PC-Branche ist jetzt in ihre Reifephase eingetreten. Der Preis ist die neue Schlüsselstrategie zum Erfolg. Dell Computer hat ein einmaliges Direktverkaufsmodell, das die niedrigsten Preise ermöglicht; deshalb ist es nun nicht überraschend das größte PC-Unternehmen der Welt. Die Chinesen sind die Hersteller mit den niedrigsten Kosten, also hat ein chinesisches Unternehmen IBMs PC-Abteilung gekauft.

Mobiltelefone

In der Wachstumsphase von Mobiltelefonen waren die Telefone schwer, teuer, unzuverlässig und auf geschäftliche Benutzer zugeschnitten. Dies hielt die Branche nicht von einem schnellen Wachstum ab, als die Vorteile von Mobiltelefonen für jedermann deutlich wurden.

Nokia war in der Wachstumsphase beteiligt, sie wussten aber, dass die Zukunft beim breiten Publikum zu finden und das „vorherrschende System" deshalb die Herstellung eines Mobiltelefons als Konsumprodukt war – klein, leicht, zuverlässig, mit aufregenden Modellen.

Wie zuvor erklärt, führte Nokia die Auslesephase an und verkaufte seine aufregenden Telefone in der ganzen Welt, während andere Unternehmen auf der Grundlage von „Technologie" verkauften. Die Eigentümer und Mitarbeiter von Nokia machten ein Vermögen.

In den späten 90ern boomte die Mobiltelefon-Branche. Trotzdem war es Eriksson nicht gelungen, eine erfolgreiche Verbrauchermarke zu etablieren und war gezwungen, tausende Mitarbeiter zu entlassen. Zu Beginn des ersten Jahrzehnts des 21. Jahrhunderts Eriksson mit der weltweit führenden Marke für Unterhaltungselektronik, und es entstand Sony-Eriksson, eine neue Kraft in der Welt der Mobiltelefone.

Internet

Jeder wird sich an die verrückte Wachstumsphase des Internets in den späten 90ern und zu Beginn des ersten Jahrzehnts des 21. Jahrhunderts erinnern. Hunderte von Milliarden Dollar wurden in neue Ideen gepumpt. Alle Unternehmen versuchten, das „vorherrschende System" für ihren Bereich des Internets zu finden. Viele Unternehmen ermittelten ihren Erfolg nach Umsatz oder öfter noch nach der Zahl der Besucher, die ihre Hompages besuchten, statt nach Cashflow oder Gewinn. Diese Strategie war zum Scheitern verurteilt!

Der Beginn der Auslesephase war noch dramatischer, und zig Milliarden Dollar gingen verloren, als die Unternehmen zusammenbrachen. Trotzdem ist das Internet nicht zusammengebrochen. Auch nicht die Unternehmen, die ihre Geschäftätigkeit auf den üblichen Geschäftsprinzipien gründen lassen. Sie sind weiter gewachsen und erwirtschaften neue Gewinne. In den Bereichen, in denen das Internet einen Vorteil hat, explodieren die Verkäufe. Wenn eine neue, unerschlossene Verwendung für das Internet entdeckt wird, kann das führende Unternehmen viel schneller wachsen als zuvor – wie Google bewiesen hat.

Franchising

Die beste Branche, anhand derer man lernen kann, wie sich die Auslese im Network Marketing entwickeln wird, ist sein nächster Verwandter, das Franchising. Es bietet auch eine Möglichkeit zur Selbstständigkeit basierend auf einem bewährten System (eine Franchise).

Wie sich Franchising entwickelte

Die Entwicklung des Franchising begann in den 1950ern als Leute wie Ray Kroc von McDonald's das Konzept der Systematisierung eines Geschäfts zum ersten Mal anwendeten und es an Unternehmer verkauften. In den 1960ern hatte sich die Neuigkeit in den USA verbreitet und den Unternehmern wurden neue Franchise-Systeme angeboten. Die Branche boomte, als sie in ihre Wachstumsphase eintrat.

Zahlreiche unterschiedliche Versionen von Franchises wurden entwickelt, die die verschiedensten Arten von Produkten verkauften, die man sich nur vorstellen kann. Im vorherrschenden Geschäftskonzept verdiente ein Franchise-Unternehmen sein Geld mit dem Verkauf „neuer" Franchises. Um einen Anreiz für den Kauf zu haben, verkündeten die Unternehmen die Botschaft, dass ihr Geschäft „NEU" war.

Weil hauptsächlich mit neuen Franchisenehmern Geld verdient wurde, anstatt die bestehenden zu unterstützen, war das System zum Scheitern verurteilt. In den frühen 1970ern wurde die Misserfolgsquote als viel zu hoch erkannt, die meisten Menschen verloren Geld, und deshalb entwickelte Franchising ein sehr schlechtes Image. 1973 wurde Franchising als „Schneeballsystem" bezeichnet und beinahe vom US-Kongress verboten (siehe Anlage „Schneeballsysteme verstehen").

Auslese im Franchising

Die 1970er waren eine herausfordernde Zeit für das Franchising, da die meisten Unternehmen scheiterten und die großen Unternehmen ihre Geschäfte an das Geschäftsmodell Glaubwürdigkeit anpassten, das gewährleistete, dass der individuelle Franchisenehmer erfolgreich war.

Die Franchisegeber änderten die Art und Weise, in der sie mit ihren Franchisenehmern Geld verdienten. Statt Vorauszahlungen nahmen sie eine Franchisegebühr, um ihre Kosten zu decken. Ihre Gewinne machten sie über einen Prozentsatz am Umsatz ihrer Franchisenehmer. Diese Strategie war darauf ausgerichtet, dass jeder mit zufriedenen Kunden Geld verdiente, und somit hatte das Geschäft eine solide Grundlage für langfristiges Wachstum und Profitabilität.

Alles was nötig war, waren neue Unternehmer, und weltweite Veränderungen brachten diese neuen Menschen. Der Keynote-Report Franchising, 4. Ausgabe 1991, schrieb:

„Das Geschäftsformat Franchising trat während der 80er Jahre in eine dynamische neue Phase ein, was hauptsächlich das Ergebnis wirtschaftlicher und politischer Veränderungen war. In den frühen 80ern schuf die wachsende Arbeitslosigkeit eine große Zahl von Menschen, die alle ihre unternehmerischen Fähigkeiten erproben wollten, indem sie ihr eigenes Unternehmen gründeten.

Der Rückgang im Produktionssektor hat auch zu einer wachsenden dienstleistungsorientierten Wirtschaft geführt, die dem Geschäftsformat Franchising förderlich ist, weil es ein effizientes und flexibles Vertriebssystem für Waren und Dienstleistungen darstellt.“

Franchising wuchs in sechs Jahren um 600 %

In ihrem Buch „Franchising" schreiben Hall und Dixon: „Eine zweite Phase rascher Expansion in der Franchising-Branche begann in den frühen 80ern." In Großbritannien stieg der jährliche Brutto-Umsatz von 850 Millionen £ im Jahr 1984 auf 5,240 Millionen £ im Jahr 1990. Ein Wachstum von unglaublichen 600 %! Dieses Wachstum wurde in vielen anderen Ländern in der ganzen Welt wiederholt, und das Wachstum hält an!

Effektive Systeme haben dazu geführt, dass die Franchising-Branche heute eine winzig kleine Misserfolgsquote von jährlich 6 % aufweist. Wenn Sie dies mit der Misserfolgsquote kleiner Unternehmen von üblicherweise mehr als 80 % vergleichen, können Sie verstehen, warum die Menschen Franchising so sehr respektieren. Mit neuen profitablen Systemen bewaffnet, trafen schließlich fünf entscheidende Wachstumsfaktoren zu:

1. Das System hatte einige Zeit ein Dasein als „Randerscheinung" unter den Geschäftsformen gefristet und seinen Ruf aufgebaut, **weil seine erfolgreichen Unternehmen ihre Systeme auf die Kultur abstimmten.**
2. Es hatte eine **ausreichende Anzahl erfolgreicher Unternehmen**, um zu expandieren.
3. Es hatte ein sich verbesserndes regelndes Umfeld, einschließlich eines starken **Wirtschaftsverbandes** in der British Franchise Association.
4. Es entwickelte ein **zunehmend positives Medien-Image.**
5. Es hatte **riesigen Erfolg im Ausland,** an dem es sich messen konnte.

Effektive Systeme = niedrige Misserfolgsquote = Glaubwürdigkeit und Boom

Die wichtigsten Lehren

Eine Auswertung, wie Branchen wachsen, fördert einige wichtige Lehren zutage:

1. Wachstumsphase aller Branchen:

- Erfolgreiche Unternehmen erzeugen Wachstum durch Pionierarbeit mit NEUEN Produkten und in NEUEN Märkten. Das erzeugt die Begeisterung, um Menschen anzuwerben.
- Die Branchenexpansion wird von wenigen Schlüsselunternehmen angeführt.
- Basiert mehr auf Unternehmen, die ein Produkt oder Geschäftssystem entwickeln, statt auf dem, was der Kunde wirklich will.
- Eine Vergangenheit mit mangelhaften Produkten, wirkungslosen Systemen, massenhaftem Scheitern und schlechtem öffentlichen Image. Das ist die Geschichte jeder neuen Branche. Erwarten Sie eine HOHE MISSERFOLGSQUOTE.
- Eine Vergangenheit, in der hohe Misserfolgsquoten ein SCHLECHTES ÖFFENTLICHES ANSEHEN bedeuten.

2. Schließlich bilden sich ein „vorherrschendes System" UND ein neues Wachstumskonzept heraus und bieten die Grundlage für neues Wachstum und Profitabilität.

3. Die Auslesephase entwickelt sich:

- Ein anfänglicher Zeitraum der Verwirrung und Veränderung. Unternehmen scheitern und wenige Unternehmen starten neu. Es gibt Fusionen und Übernahmen. Neue Management-Teams werden eingestellt. Produktreihen werden rationalisiert. Das Geschäft wird reorganisiert.
- Die neuen Geschäftsmodelle basieren auf höheren Anforderungen seitens der KUNDEN.
- Führende Unternehmen beherrschen bestimmte Produktbereiche und zwingen andere Unternehmen zur Änderung oder in den Untergang.
- Das Wachstum ist immer beträchtlich schneller und größer als jeder vorhersagte oder überhaupt für möglich hielt.
- Die Eigentümer und Schlüsselpersonen in dem Unternehmen, das die Auslesephase anführte, verdienen das größte Vermögen in der Geschichte der Branche.

Zusammenfassung Auslesephase

Die Auslesephase beginnt nach der Wachstumsphase. Die erfolgreichen Produkte und Geschäftssysteme sind bekannt, deshalb werden jene Unternehmen, die diese beherrschen, die Auslesephase anführen. Diese Wachstumsphase ist die aufregendste Phase in der Geschichte einer Branche und es ist diejenige, in der das meiste Vermögen gebildet wird. Möglichkeiten bestehen für alle Personen, die mit dem richtigen Unternehmen arbeiten.

„Es ist eindeutig, dass das Konzept der Lebenszyklus-Phasen eine beträchtliche Auswirkung auf unternehmerische Strategie und geschäftliche Leistung hat."

Management-Enzyklopädie

Network Marketing

Eine kurze Geschichtsstunde

Die USA

Anfangsphase – 1940er bis in die späten 1970er

Das Network Marketing entwickelt sich aus der Direktverkaufsbranche und wie die meisten neuen Marketing-Methoden beginnt es in den USA. In den 1940ern erlaubte ein Unternehmen mit dem Namen Californian Vitamins seinen Direktverkaufsmitarb eitern erstmals, auch andere Verkaufsmitarbeiter gegen eine Provision für die Verkäufe der von ihnen angeworbenen Verkäufer zu werben. Zwei der besten Verkäufer gründeten dann die Amway Corporation, die zum größten Network-Marketing-Unternehmen der Welt wurde, mit jährlichen Verkäufen von über 6 Milliarden US-Dollar.

Network Marketing entwickelte sich weiter bis in die 1970er, in denen es wegen der Handlungen einiger weniger skrupelloser Betreiber, die wie bei „Schneeball"-Franchisesystemen agierten, in den Gerichten angegriffen wurde. Amway kämpfte und gewann 1979 und bewies damit, dass Network Marketing eine rechtlich vertretbare Geschäftsform war.

Wachstumsphase – 1980er und 1990er

Amways juristischer Erfolg leitete die Wachstumsphase dieser Branche ein zunächst in Nordamerika und später überall. Wie beim Internet-Boom wurden zwischen 1979 und 1984 Hunderte von neuen Unternehmen gegründet, und die US Direct Selling Association berichtete, dass sich über eine Million Menschen anschlossen!

Im folgenden Jahrzehnt erlebte jedes Jahr die Gründung neuer Unternehmen, basierend auf einer neuen Art von Produkt oder einer Innovation im Geschäftssystem

Network Marketing. Neue Formen der Vergütung wurden entwickelt, genau wie neue Formen des Marketings oder neue Kommunikationssysteme.

Zum Ende der 1990er waren 10 Millionen Amerikaner im Direktverkauf tätig, die meisten davon im Network Marketing. Der Umsatz hatte 20 Milliarden US-Dollar erreicht.

Weltweit

Obwohl es ein paar internationale Pioniere wie das britische Kleeneze gab, das das erste Network-Marketing-Programm in Europa im Jahr 1970 vorstellte, fand die Geburt des Network Marketing in den USA statt.

Nach ihrem Erfolg in den USA expandierte eine Gruppe von Network-Marketing-Unternehmen international und bewirkte Booms in den anderen Regionen der Welt, u. a. in Ländern wie Brasilien, Großbritannien, Australien, Taiwan und Japan.

Amerika

Expansion nach Zentral- und Südamerika war natürlich ein Hauptaugenmerk für US-amerikanische Unternehmen. Millionen flossen in Unternehmen in Brasilien, Argentinien, Kolumbien und Venezuela. Mexiko war langsamer als andere Länder, expandierte aber trotzdem kontinuierlich, um schließlich mit Brasilien gleichzuziehen und alle anderen amerikanischen Märkte zu überholen.

Europa

Nach ihrem Erfolg in Großbritannien expandierten die Unternehmen in Europa, bearbeiteten den wichtigsten Markt Deutschland und expandierten dann in andere westeuropäische Märkte. Seit Ende des Kalten Krieges expandierten die Unternehmen nach Osteuropa (Ungarn, Polen) und starteten schließlich einen Boom in Russland in den späten 1990ern. Als die Branche Russland erreichte, beteiligten sich 1,5 Millionen Menschen in nur drei Jahren. Es gab sogar Meetings im Kreml! (Lenin muss sich im Grabe umgedreht haben.)

Jedes Land in Europa hat Network Marketing in seinem eigenen typisch europäischen Stil angenommen. Manche Märkte wuchsen schnell, und einige großartige Ergebnisse wurden von einer Reihe von Unternehmen erzielt. In anderen Märkten mussten sich die Unternehmen in beträchtlichem Maße an örtliche Vorschriften und Vorurteile gegenüber Unternehmern und neuen Geschäftsformen anpassen.

Gegen Ende der 1990er Jahre hatte jedes Land in Europa eine etablierte Network-Marketing-Branche und Lehren über das Wachstum eines Unternehmens in diesem Markt gelernt. Fünf Millionen Menschen waren in der Direktverkaufsbranche tätig und machten über 12 Milliarden US-Dollar Umsatz.

Asien

Die asiatische Region war die weltweite Erfolgsgeschichte. Nach dem Erfolg in Japan, Taiwan, Australien und Neuseeland ging das führende Unternehmen nach Südkorea, Hongkong, Malaysia, Thailand, die Philippinen und Indonesien.

Es dauerte bis zum Beginn des ersten Jahrzehnts des 21. Jahrhunderts, bis die riesigen Märkte in China und Indien in ihre Wachstumsphase eintraten. Angesichts der ersten Ergebnisse dürften diese beiden Länder im kommenden Jahrzehnt ein unglaubliches Wachstum bieten.

In den asiatischen Märkten war die Expansion explosionsartig. Dieses Geschäftssystem passt zur asiatischen Kultur und die Ergebnisse sind weiterhin erstaunlich. In der ganzen Region begannen Tausende örtlicher Unternehmen, jedes erdenkliche Produkt zu verkaufen. Die Branche wuchs in nur zehn Jahren um erstaunliche zehn Millionen Menschen. Von den zwölf Ländern, in denen jeweils eine Million Menschen pro Land tätig ist, sind acht asiatische Länder.

Afrika und übrige Länder

Südafrika und Israel sind stark, Nigeria wächst, und die Unternehmen erobern die weniger kapitalistischen demokratischen Länder der Welt. Fakten sind schwierig zu bekommen, trotzdem gibt es jedes Jahr eine andere Erfolgsgeschichte aus Ländern wie Dubai, Marokko oder Kenia.

Zu den Erfolgen in der Wachstumsphase gehören:

- 100 Milliarden US-Dollar jährlicher Umsatz
- 50 Millionen Menschen jedes Jahr tätig
- Jedes Schlüsselland wurde erobert
- Kerngruppe globaler Unternehmen mit jährlichen Umsätzen von mindestens 1 Milliarde Dollar
- Einige Milliardäre unter den Unternehmenseigentümern
- Tausende der Network Leader sind Millionäre
- Eine Kerngruppe erfahrener Network Leader ist in allen Ländern eingerichtet
- Nahezu jedes Produktkonzept wurde umgesetzt
- Ein eindeutig vorherrschendes Geschäftsmodell mit erprobten Varianten basierend auf Produktreihen wurde ermittelt
- Ein weltweiter Wirtschaftsverband in der Direct Selling Association (DSA) unter der World Federation of DSAs

Unabhängige Untersuchung

Der Bericht von PriceWaterhouseCoopers über den Direktverkauf in Europa enthüllte:
- Direktverkauf bietet Arbeit, die mehr als 3,9 Millionen Ganztags-Arbeitsplätzen entspricht.
- Direktverkauf erzeugte mehr als 40 Milliarden US-Dollar an jährlichen Einnahmen.
- Die Bildungsniveaus waren die gleichen wie die der Allgemeinheit.
- Über 90 % dieser Direktverkäufer geben an, mit ihrer Beschäftigung zufrieden zu sein (WIE VIELE BRANCHEN KÖNNEN DAS BEHAUPTEN?!)

Eine in Großbritannien von der Westminster Business School durchgeführte Studie ergab, dass

- 93 % der Kunden sagten, sie würden wieder von Direktverkaufsunternehmen kaufen
- 88 % der Kunden sagten, sie würden ihren Freunden und Familien- angehörigen empfehlen, von einer Direktverkaufsorganisation zu kaufen
- drei Hauptgründe für einen Kauf über den Direktverkaufskanal sind „Produktbedürfnis und Anreiz", „Annehmlichkeit" und „Ware fürs Geld".

Die Wahrheit des Network Marketing

Der deutsche Philosoph Arthur Schopenhauer sagte, jede Wahrheit durchläuft drei Phasen:

Zuerst wird sie verspottet.
Dann wird sie heftig abgelehnt.
Schließlich wird sie als selbstverständlich akzeptiert.

Die Network-Marketing-Branche möchte der Welt die „Wahrheit" mitteilen, dass es sich um einen glaubwürdigen Teil des Wirtschaftssystems der Welt als Methode des Vertriebs von Produkten an Kunden und um eine solide finanzielle Möglichkeit für Einzelpersonen handelt.

In der Wachstumsphase von Network Marketing / Direktverkauf wurde es oft „verspottet" und „heftig abgelehnt", nur um zu wachsen und zu wachsen und zu wachsen. Mit über 50 Millionen Menschen und 100 Milliarden US-Dollar Umsatz kann man mit Sicherheit behaupten, dass die Fähigkeit des Network Marketing, Produkte zu vertreiben und Geld zu verdienen, mittlerweile SELBSTVERSTÄNDLICH ist!

Die Auslese!
Konsolidierung

Pionierprobleme

Wie bei allen neuen Branchen erlebt die Wachstumsphase viele Erfolge, aber auch Probleme. Die größte Herausforderung ist die Misserfolgsquote. Beim Network Marketing ist das Problem wie beim Franchising weniger das Scheitern der Unternehmen, sondern der Menschen, die sich dem Geschäft mit der Erwartung anschließen, Geld zu verdienen, und bei denen dies dann nicht eintritt. Die Gründe für eine hohe Misserfolgsquote neuer Teilnehmer am Network Marketing sind bekannt und unstrittig. In jedem guten Network-Unternehmen gibt es bereits Strategien, die dafür sorgen, dass dies nicht wieder passiert. Dies erklärt die steigenden Produktivitätszahlen.

Eine Branche zu erschließen ist keine einfache Aufgabe. Zwar war die hohe Fluktuation der Menschen bedauerlich, doch die Bahn brechenden Methoden erzeugten Begeisterung und den notwendigen Erfolg, um dafür zu sorgen, dass die Network-Marketing-Branche sich etablierte. Es ist also nicht überraschend, wenn Sie einige negative Geschichten über Network Marketing gehört haben. Dies passiert immer während der frühen Phase einer Branche. Erinnern wir uns ...

• die ersten Autos fuhren kaum
• die ersten PCs stürzten oft ab
• Franchising wurde beinahe als „Schneeballsystem" verboten
• Tausende Internet-Unternehmen scheiterten

Krise?

In den späten 1990er Jahren und zu Beginn des ersten Jahrzehnts des 21. Jahrhunderts endete der Wachstums-Boom des Network Marketing in den meisten Ländern der Welt. Es gab immer noch einige wachsende Unternehmen und Länder, doch weltweit war dies eine Zeit der Verwirrung, weil das globale Wachstum stagnierte. Deshalb fragten die Leute: „Gerät Network Marketing in eine Krise?"

Das chinesische Symbol für Krise besteht aus zwei Symbolen: Gefahr und Gelegenheit.

Neuer Boom

Nicht allgemein bekannt ist, dass es in dieser Zeit der Verwirrung im Herzen der Branche in den Vorstandsetagen der großen Unternehmen einen Geist der Erneuerung gab. Nach Jahren explosiven Wachstums konsolidierten die Unternehmen. Dies ist ein gutes Zeichen, weil die Konsolidierungsphase der Beginn der Auslesephase ist! Zu Beginn des ersten Jahrzehnts des 21. Jahrhunderts wurden neue Wachstumsstrategien in den Unternehmen implementiert, und die Ergebnisse sind begeisternd, wie die Umsatz- und Mitarbeitergrafiken der World Federation of Direct Selling Association (WFDSA) zeigen.

Einzelhandelsumsatz – der Umsatz zeigt deutlich den Boom bis Ende der 90er Jahre, den Zeitraum der Konsolidierung (mit einem geringen Rückgang), dann folgt dieser neue Boom. Von 2001 bis 2004 mehr als 20 % Wachstum!
Verkaufspersonal – 17 Jahre ständiges Wachstum. Millionen neuer Teilnehmer jedes Jahr. Das seit neuestem schnellere Wachstum liegt an den bevölkerungsreichen Ländern in Asien, Osteuropa und den südamerikanischen Ländern.

Im Augenblick wächst die Network-Marketing-Branche in nahezu jedem Land der Welt! Das war seit mehr als zehn Jahren nicht mehr der Fall. Das Magazin Fortune berichtete, dass drei der zwanzig am schnellsten wachsenden Unternehmen in den USA Network-Marketing-Unternehmen waren. Keine andere Branche hatte mehr Unternehmen in der Liste der Top 20.

Network Marketing weist alle Schlüsselelemente auf, die anzeigen, dass es in seine Auslesephase eintritt: globaler Erfolg, eingeführte Unternehmen, großes Wachstumspotential, einen starken Wirtschaftsverband und eine neue Expansionsstrategie.

Geschätzter Einzelhandelsumsatz weltweit 1998-2004
In Milliarden U.S. Dollars
(Stand December 2005)

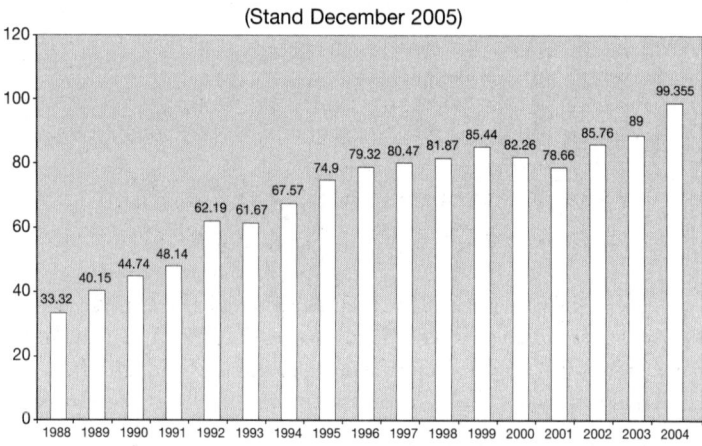

©WDFSA 2006

Geschätztes Verkaufspersonal weltweit 1998-2004
In Millionen
(Stand December 2005)

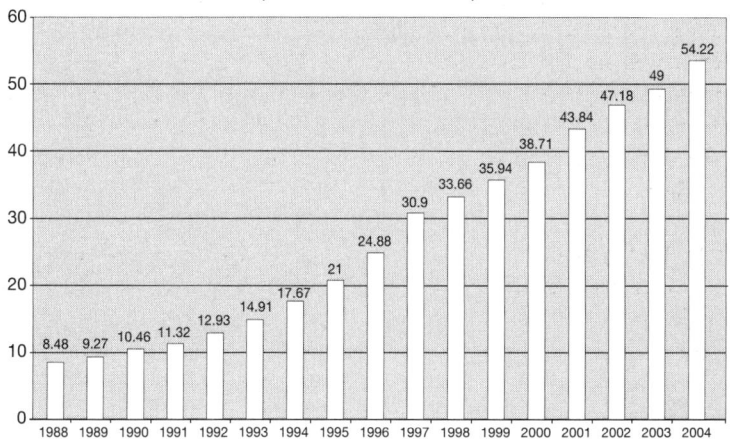

©WDFSA 2006

Den Erfolg antreiben

In jeder Branche basiert der Erfolg auf ein oder zwei entscheidenden Handlungen. Machen Sie die richtig – und Sie werden den Boom anführen. Beim Network Marketing basiert das Wachstum auf der Anwerbung und Motivation der Network Leader. Sie müssen zwar auch alle anderen Bestandteile des Geschäfts richtig machen, trotzdem können nur die Leiter den Erfolg bringen. Was treibt die Führungskräfte an?

Die Macht des Potentials

Unternehmer, zu denen auch Network-Marketing-Leiter gehören, werden von Ergebnissen motiviert – vorhandene und potentielle. In der Wachstumsphase des Network Marketing, insbesondere in den frühen Jahren, kam die große Begeisterung durch die Ankündigung von Neueinführungen – neue Länder und neue Produktreihen.

Die Verkaufsleiter schwärmten uns von den unbegrenzten Möglichkeiten unerschlossener Länder vor, in denen sogar ein Durchschnittsmensch ein Vermögen verdienen konnte. Bei Präsentationen und Konferenzen drängelten sich die Menschen mit dem Traum vom Reichtum, der auf dem zukünftigen Wachstum basierte.

In den Köpfen der Network Leader:
Expansion = Schnell reich werden

Manch einer hat Network Marketing verspottet, weil es sich als ein Weg anpreist, um schnell reich zu werden. Dieser Vorwurf ist ungerechtfertigt, weil alle Geschäftsformen in allen Branchen in den Bereichen mit hohem Wachstum mit schnellen Resultaten und schnellem Reichtum werben.

Bei Produktvorstellungen behaupten sie, es seien Leistungen an der äußersten Grenze der Produktspezifikation möglich.

Sie müssen nur an einer Produktvorstellung von Microsoft, Nokia oder Sony teilnehmen, um wilde und normalerweise ungerechtfertigte Behauptungen bezüglich der Produktleistung und der Expansion zu hören. Autofirmen tun es. Immobilienfirmen tun es. Politische Parteien tun es. Wenn Sie in der heutigen hektischen Welt die Aufmerksamkeit der Menschen erregen wollen, dann müssen Sie, was immer Sie haben, bis an die Grenzen des Möglichen bewerben.

Der zweite Punkt besteht darin, dass das Versprechen schneller Resultate und großer Vermögen für die erfolgreichen Pioniere des Network Marketing in Erfüllung gegangen ist.

Über 50 Millionen beteiligte Menschen und 100 Milliarden US-Dollar Umsatz in 100 Ländern zeigen dies.

Der 100ste Affe

1952 studierten Wissenschaftler auf der Insel Koshima wilde japanische Affen (Macaca fuscata) und fütterten sie mit süßen Kartoffeln, die sie in den Sand warfen. Die Affen mochten den Geschmack der rohen süßen Kartoffeln, aber sie fanden den Schmutz unangenehm.

Ein 18 Monate altes Weibchen mit dem Namen Imo fand heraus, dass es das Problem lösen konnte, indem es die Kartoffeln im nahe gelegenen Fluss wusch. Es zeigte diesen Trick seiner Mutter. Seine Spielkameraden lernten diese neue Methode auch und zeigten es auch ihren Müttern.

Diese kulturelle Innovation wurde allmählich von mehreren Affen übernommen, und bald lernten alle jungen Affen, die sandigen süßen Kartoffeln zu waschen. Nur die Erwachsenen, die ihre Kinder imitierten, lernten diese Verbesserung. Andere Erwachsene aßen weiterhin die schmutzigen süßen Kartoffeln.

Dann geschah etwas Erstaunliches. Im Herbst 1958 wusch eine bestimmte Anzahl Koshima-Affen ihre süßen Kartoffeln – die genaue Zahl ist nicht bekannt. Lassen Sie uns annehmen, dass es, als die Sonne eines Morgens aufging, 99 Affen auf der Insel Koshima gab, die gelernt hatten, ihre süßen Kartoffeln zu waschen. Lassen Sie uns weiter annehmen, dass später an diesem Morgen der hundertste Affe lernte, seine Kartoffeln zu waschen. DANN PASSIERTE ES!

An diesem Abend wusch fast jeder in der Gruppe die süßen Kartoffeln, bevor er sie aß. Die zusätzliche Energie dieses hundertsten Affen erzeugte irgendwie einen ideologischen Durchbruch!

Obwohl die genaue Zahl variieren kann, bedeutet das Phänomen des hundertsten Affen: Sobald eine bestimmte, entscheidende Anzahl ein Bewusstsein erreicht hat, kann dieses neue Bewusstsein von Geist zu Geist kommuniziert werden. Eine entscheidende Masse ist erreicht und die Mentalität ändert sich. In einer menschlichen Branche wie dem Network Marketing bestimmt die Mentalität ALLE Handlungen.

Potential ist nicht genug

Beginnend in den späten 1990er Jahren kam es zu einer erkennbaren Veränderung in der Mentalität innerhalb der Network-Marketing-Branche. Anstatt ihr Geschäft hauptsächlich mit dem Potential neuer Märkte zu bewerben, warben mehr und mehr Führungskräfte mit den erzielten Ergebnissen. Mit dem BEWIESENEN ERFOLG ihres Geschäfts. Die Änderung erschien ebenso nebensächlich wie ein Affe, der seine Kartoffel wäscht, doch die Implikationen dieser Maßnahme sollten das Geschäft für immer verändern.

Wie die Geschichte der waschenden Affen war dies keine dramatische Veränderung. Nur einige wenige Network Leader änderten ihre Präsentationen. Andere Führungskräfte sahen den Erfolg, den andere erzielten, kopierten ihre Aussagen und so verbreitete sich die Denkweise. Was sich vollzog (und immer noch vollzieht) ist eine Mentalitätsveränderung in der wichtigsten Aktivität innerhalb eines Network-Unternehmens – die Anwerbung und Motivation der Leiter.

Bewiesener ERFOLG ist mächtig!

Werbung mit Erfolg statt Potential scheint für Network Marketing so selbstverständlich zu sein, wenn man andere Branchen betrachtet. Die erfolgreichen Franchising-Unternehmen der Auslesephase, wie McDonald's und Body Shop, waren diejenigen, die erfolgreiche Franchisenehmer nachweisen konnten. Die heute erfolgreichen Internet-Unternehmen sind jene, die tatsächliche Gewinne vorweisen können anstatt das Potential zu Gewinnen.

Es scheint auch offensichtlich zu sein: Obwohl zwar Unternehmer gebraucht werden, um die Branche in Gang zu bringen, haben nur wenige wirklich den unternehmerischen Geist, der nur aufgrund der Möglichkeit allein alles vorantreibt. Die meisten Menschen, insbesondere Führungspersonen, brauchen ein gewisses Maß an Sicherheit, damit sie die nötige Zuversicht haben, um ihre Glaubwürdigkeit in die Bewerbung eines Geschäfts zu investieren.

Wer hat die Macht?

Um zu verstehen, wie dies die Zukunft des Network Marketing verändert hat, müssen Sie sich nur die neuen Unternehmen ansehen. In der Vergangenheit hatte jedes neue Unternehmen Macht. Es konnte den Markt aufgrund seiner „Einsteiger-Möglichkeit" mit Begeisterung blenden. Seine Größe war ein Vorteil, weil „Potential zum Wachstum" der wichtigste Faktor für die Anwerbung dieser so wichtigen Führungskräfte war.

Durch die Mentalitätsveränderung hin zum BEWIESENEN Erfolg haben diese neuen Unternehmen ein großes Problem. Darum geht die Zahl der neu eingeführten Unternehmen so rapide zurück. Darum haben eingeführte Unternehmen ihr Hauptaugenmerk auf die Weiterentwicklung der erfolgreichen Teile ihres Geschäfts gerichtet, anstatt sich auf teure neue Expansionspläne zu konzentrieren. Dies ist sinnvoll, wenn ihre aktuellen Märkte mit aktuellen Produkten kaum entwickelt sind. Dies alles zusammen wird den Erfolg derjenigen, die mit eingeführten Unternehmen zusammenarbeiten, und auch das Profil der Branche enorm steigern.

Stark wird stärker

Der Auslese-Boom des Network Marketing wird auf starken Unternehmen beruhen, die noch stärker werden. Die großen Unternehmen werden jedes Jahr beherrschender werden. Wenn Sie den Auslese-Boom nutzen wollen, dann werden Sie mit einem starken Unternehmen arbeiten müssen.

Einige wenige starke Unternehmen werden die Vorherrschaft haben

Produktivitäts-Boom!

In der Wachstumsphase der Branche war der Fokus auf die Anwerbung neuer Menschen gerichtet anstatt darauf, die Menschen produktiver zu machen. Eine aufregende neue Entwicklung innerhalb des Network Marketing ist der Fokus auf höhere Produktivität.

Die Auswirkungen sind beträchtlich. Eine Steigerung der Produktivität des durchschnittlichen Networkers um 25 % würde das Einkommen der Network Leader um mindestens 100 % erhöhen! Sie müssen verstehen, wie die Vergütungsprogramme für die Führung funktionieren, um zu wissen, warum das stimmt.

Gesteigerte Produktivität erhöht das Einkommen, erhöht die Prämienqualifikationen, erhöht die Motivation, verbessert die Zuversicht. Sie senkt auch die Misserfolgsquoten und verringert dadurch die Anzahl der von ihrem Geschäftserlebnis enttäuschten Menschen. Dies verbessert den Ruf der Branche, wie wir im Franchising gesehen haben, als jenes seine Produktivität verbesserte.

Das wirkungsvollste Werkzeug, das in den Unternehmen eingeführt wurde, ist auf Kompetenz beruhendes Coaching. Es kann erwiesenermaßen die Produktivität (Verkäufe je Person) um 100 % steigern. Lesen Sie mein Buch „Der Network-Coach". Dort erfahren Sie, wie das geht.

Entscheidende Wachstumsfaktoren

Um zu sehen, ob der Zeitpunkt für den Auslese-Boom richtig ist, müssen wir zum Schluss die entscheidenden Wachstumsfaktoren untersuchen, die den Boom im Franchising verursacht haben (der nächste Verwandte des Network Marketing) ...

Wachstumsfaktor 1 Erfolgreiche Systeme

Marketing- und Vertriebsunternehmen hängen in hohem Maße von den Kulturen ab, innerhalb derer sie operieren. Nur weil ein Geschäft in Nordamerika funktioniert, bedeutet das nicht notwendigerweise, dass es ohne Anpassung in jedem anderen Land funktionieren wird. In Wirklichkeit ist bei diesen Geschäften nahezu immer eine Anpassung an den örtlichen Markt und die lokale Kultur erforderlich. Dies bewahrheitete sich, als amerikanische Franchisesysteme nach Großbritannien exportiert wurden. Network-Marketing-Unternehmen erlebten die gleichen Herausforderungen. Unglücklicherweise sind Pioniere ziemlich sture Leute (das macht sie zu guten Pionieren) und Ratschläge, die ihre Geschäfte ändern würden, wurden von ihnen oft abgelehnt oder ignoriert.

Ein gutes Beispiel für dieses Konzept ist die McDonald's Corporation. Das McDonald's Geschäftssystem ist der Grund für den ungeheuren Erfolg. Jeder McDonald's Franchisegeber vergibt „das System" unter Androhung des Ausschlusses, und alle wissen, dass es funktioniert. Trotzdem werden in Italien Pasta und Wein verkauft. Stellen Sie sich vor, was passieren würde, wenn sie Wein von McDonald's in den USA verkaufen wollten! In Tokio verkaufen sie Teriyaki. Das gleiche System mit einer Anpassung, damit es in diesem Land und seiner Kultur funktioniert.

Der einzige wirkliche Maßstab für ein erfolgreiches Geschäftssystem ist Dauerhaftigkeit. In jedem Land der Welt gibt es eine Reihe von einheimischen und ausländischen Unternehmen, die „örtlich angepasst" sind, und diese Unternehmen wachsen Jahr für Jahr. Sie erreichen Aktivitäts- und Produktivitätswerte, von denen das den Weg bahnende Unternehmen nur träumen konnte.

Wachstumsfaktor 2 Ausreichende Anzahl

Ein Unternehmen allein macht noch keine Branche und alle Branchen haben gezeigt, dass man eine kleine Gruppe braucht, um den erforderlichen Schwung zu erzeugen, damit echtes Wachstum und echte Begeisterung entstehen können. Es gibt keine Standardgrößen, mit wie vielen Unternehmen mit Hunderten von Millionen oder Milliarden Dollar Umsatz diese erforderliche Anzahl erreicht wurde.

Wachstumsfaktor 3 Starkes regulierendes Umfeld

Ein starkes regulierendes Umfeld ist für jede Branche erforderlich, damit rechtswidrig handelnde Betreiber strafrechtlich verfolgt und die Verbraucher und neuen Teilnehmer geschützt werden können. Die Gesetzgebung bekämpft unmoralische Betreiber an den Rändern der Branche, und Wirtschaftsverbände regulieren jene, die auf korrekte Weise operieren. Die Regierungen können die Verbraucher oder neuen Teilnehmer nicht wirksam schützen, wie sich in unzähligen Branchen wie Versicherung und Finanzdienstleistungen gezeigt hat. Die Branchen müssen sich selbst überwachen.

Es gibt in den meisten Ländern sehr strenge Gesetze, die das Network Marketing regeln. Sie schützen den Verbraucher und den Neueinsteiger. Die Direct Selling Association ist in allen Ländern aktiv und ordnet die Branche.

Wachstumsfaktor 4 Positives Medien-Image

Als Reaktion auf das unmoralische Verhalten von Unternehmen in früheren Jahren rühmen sich Network-Marketing-Unternehmen jetzt ihrer Moral. Ihr Erfolg kombiniert mit einem pro-aktiven Wirtschaftsverband bewirkte eine bessere Berichterstattung.

Die anhaltende Verbesserung der Berichterstattung wird mehr Menschen über die Network-Marketing-Branche aufklären und so weiteren Schwung erzeugen.

Wachstumsfaktor 5 Erfolg im Ausland

Wo auch immer Sie leben, Sie können im Ausland unglaublichen Erfolg feststellen. Es gibt 15 Länder mit über einer Milliarde US-Dollar Umsatz und fünf weitere, die diese Marke innerhalb von fünf Jahren durchbrechen dürften. Es gibt zwölf weitere Länder mit mehr als einer Million mitarbeitender Menschen und vier weitere, die diese Marke innerhalb von fünf Jahren durchbrechen dürften.

Der wichtige Punkt ist der, dass der Erfolg nicht auf eine bestimmte Region oder eine Kultur konzentriert ist. Jede Region hat Erfolgsgeschichten zu vermelden. Jedes Land hat seine Erfolgsgeschichten. Es gab Booms in christlichen, muslimischen, buddhistischen, hinduistischen, jüdischen und taoistischen Kulturen. In reichen, armen und Entwicklungsländern.

Der menschliche Wert des Network Marketing / Direktverkaufs

Auf der menschlichen Seite inspirierender war die Studie des sozialen und wirtschaftlichen Einflusses der Direktverkaufsbranche der Otago-Universität aus dem Jahre 1999, die eine nützliche unabhängige Bestätigung des Potentials dieser Branche lieferte. Abgesehen von der Berechnung, dass die tatsächliche wirtschaftliche Durchschlagskraft 1.500 % größer ist als die Branchenausgaben, bestätigte eine repräsentative Umfrage, warum so viele Menschen sich beteiligen:

- 80,0 % meinten, ihr Lebensstil habe sich verbessert
- 90,0 % meinten, sie haben neue Fähigkeiten erlernt oder alte verbessert
- 93,0 % bestätigten, dass sich ihre Kommunikationsfähigkeiten verbessert haben
- 87,5 % hatten mehr Selbstvertrauen
- 85,5 % fühlten sich motivierter
- 83,5 % fühlten sich unabhängiger
- 79,0 % hatten eine neue Orientierung im Leben

Keine andere Branche, in der Massen von Menschen tätig sind, kann von sich behaupten, einen solch positiven Einfluss auf die betreffenden Menschen zu haben!

ZUSÄTZLICHE WACHSTUMSFAKTOREN

Außer den fünf wichtigsten Wachstumsfaktoren gibt es noch einige andere Dinge, die das perfekte Timing von Network Marketing unterstreichen, das helfen wird, die Branche in der Zukunft voranzutreiben.

1 Kommunikationstechnologie

Network Marketing ist ein Geschäft der Kommunikation mit Menschen. Deshalb wird alles, was das Verfahren beschleunigen oder effizienter machen kann, das Wachstum beschleunigen. Die zunehmende Verwendung neuer Kommunikationstechnologie n wie Voice-Mail, Telekonferenzen, Internet und mobile Systeme treibt das Network Marketing voran.

2 Globale Integration

Je mehr Länder miteinander arbeiten und handeln, desto schneller werden die Erfolgsgeschichten aus anderen europäischen Ländern die Grenzen überqueren und die Hoffnungen und die Aktivität der Networker erhöhen. Die Menschen werden mehr „networken" und so die Fähigkeit zur Bildung globaler Organisationen steigern. Die Kommunikationstechnologie wird diese Prozesse beschleunigen.

3 Große Unternehmen

Konsumgüter-Giganten wie Motorola, Sony, Gillette, IBM, Colgate-Palmolive, Microsoft, Compaq, Disney und andere profilierte Multinationals sind entweder direkt oder indirekt bereits mit dem Network Marketing verbunden. Ihre Präsenz bringt der Branche mehr Glaubwürdigkeit und Macht und fördert die Unterstützung durch Regierung und Medien.

Es muss erwähnt werden, dass das Network Marketing seine eigenen multinationalen

Konsumgüter-Riesen hervorgebracht hat, die viele dieser „großen" Namen herausfordern und übertreffen werden.

4 Länder-Neueinführungen

Viele eingeführte Unternehmen setzen ihre internationale Expansion fort UND starten in manchen Ländern neu. Die Begeisterung über die Einführung in neuen Ländern erzeugt ein enormes Momentum für diese Unternehmen.

ZUSAMMENFASSUNG

Alle erforderlichen Wachstumsfaktoren sind jetzt für das Network Marketing erfüllt, um auf das nächste Niveau zu boomen. Vier zusätzliche Faktoren werden das Wachstum nur noch beschleunigen. Jeder, der heute im Network Marketing tätig ist oder sich neu anschließt, kann sicher sein, dass er wirklich am „richtigen Ort zur richtigen Zeit" ist. Alles, was Sie noch tun müssen, besteht darin, das Geschäft zu erlernen und gewaltig aktiv zu werden, um Ihr Glück zu machen: Man kann nie wissen, ob man je wieder in dieser Lage sein wird.

Um es mit den Worten von Winston Churchill zu sagen ...

„Die Menschen stolpern gelegentlich über die Wahrheit, aber die meisten stehen wieder auf und eilen weiter, als ob nichts geschehen sei."

Eilen Sie nicht weiter, ohne wirklich das Potential von Network Marketing für sich zu untersuchen.

Um ein paar Zahlen zum Wachstum des Network Marketing zu nennen, haben wir die folgenden Voraussagen gemacht ...

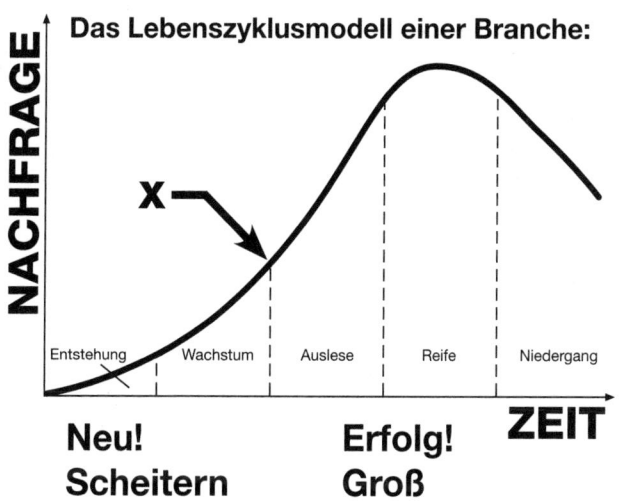

Das Lebenszyklusmodell einer Branche:

NACHFRAGE

X

Entstehung | Wachstum | Auslese | Reife | Niedergang

Neu!   **Erfolg!**   **ZEIT**
Scheitern   **Groß**

Network Marketing Lebenszyklus

Nichts ist leichter zu verstehen als die Grafik mit dem Lebenszyklus von Network Marketing hier unten. Die Vergangenheit wurde von der Begeisterung für das NEUE angetrieben! Wir erzeugten Wachstum, akzeptierten jedoch hohe Misserfolgsquoten.

Heute sind wir am Punkt X. Die Zukunft verspricht aufregendes Wachstum, angetrieben von der Botschaft über den bewiesenen Erfolg! Angeführt von den großen Unternehmen.

Für die Skeptiker ......

Das Radio hat keine Zukunft.
Lord Kelvin, schottischer Mathematiker und Physiker, 1897

Das Fernsehen wird nach den ersten sechs Monaten nicht mehr in der Lage sein, einen Markt zu finden. Die Menschen werden es schon bald leid sein, jeden Abend auf eine Sperrholzkiste zu starren.
Darryl F Zanuck, Leiter von 20th Century Fox 1946

Uns gefällt ihr Sound nicht. Gitarrengruppen kommen aus der Mode.
Decca Records wies die Beatles 1962 ab.

Prognosen für die Zukunft

Es ist sehr schwierig, die zukünftige Größe der Network-Marketing-Branche genau vorherzusagen. Aus unserem Studium des Wachstums anderer Branchen in Auslesephasen haben wir gelernt, dass das Wachstum beträchtlich höher war als jemand glaubhaft vorhersagen konnte.

1999 saß ein Freund von mir einmal neben einem leitenden Angestellten von Vodafone, dem damals größten Mobiltelefon-Unternehmen der Welt. Er fragte ihn, ob die Verantwortlichen in den frühen 1990ern das explosive Wachstum der Mobiltelefon-Branche vorhergesehen hatten? Der Manager lächelte und sagte, dass sie sehr starkes Wachstum vorausgesagt hatten, doch im Vergleich zu dem, was tatsächlich passierte, wäre es ihnen heute peinlich zu zeigen, wie niedrig die Projektionen gewesen seien.

Wer in der britischen Franchising-Branche hätte zu Beginn der 1980er Jahre 600 % Wachstum in sechs Jahren vorausgesagt? Meine Nachbarin war eine führende Verkaufsleiterin bei Compaq in den späten 1980ern – jedes Jahr lag sie 100 % über ihrem Etat, als die PC-Branche in ihrer Auslese-Wachstumsphase verrückt spielte.

Verkaufsvoraussagen

Ich denke, es ist glaubhaft vorherzusagen, dass die Branche von 100 Milliarden US-Dollar Umsatz im Jahr 2006 auf 200 Milliarden US-Dollar bis 2016 anwachsen wird. Verdopplung der Größe in einem Jahrzehnt. Das ist ein beträchtliches Wachstum. Trotzdem ist es wahrscheinlich sehr vorsichtig geschätzt, da es mit den aktuellen neuen Entwicklungen in der Produktivität möglich sein sollte, den Umsatz pro Person um 100 % zu steigern.

Dazu gehörende Zahlen

Ich habe wie üblich Voraussagen für die erwartete Anzahl der in der Branche tätigen Menschen vorgelegt. Das war in der Wachstumsphase wichtig, als die Wachstumsstrategie auf der Anwerbung neuer Menschen beruhte, statt sich auch auf Produktivitätsprogramme zu richten (Umsatz pro Person). Ein anderer Punkt ist das Wachstum in den neuen bevölkerungsreichen Märkten in China und auf dem indischen Subkontinent. Wir haben gerade erst angefangen, diese Märkte zu erschließen, und halten diese Branche für kulturell geeignet. Es ist möglich, dass sich 50 Millionen neue Menschen nur aus diesen beiden Märkten anschließen könnten!

Regionales Wachstum

Asien

Asien war der leuchtende Stern des Network Marketing. Von Neuseeland bis Japan boomte die Branche (und wächst weiter). Ganz sicher werden China und Indien aufregende Märkte sein, doch die etablierteren Märkte Korea, Taiwan, Thailand und Malaysia begeistern weiterhin die Menschen mit ihren Ergebnissen. Neuseeland und Australien erleben eine neue Begeisterung, nachdem sie die Pioniere der Branche waren. Aktuelle Erfolgsgeschichten kommen aus Indonesien, Singapur, von den Philippinen und aus Vietnam.

Amerika

Die USA erschlossen die Branche, und sie wächst Jahr um Jahr. Südamerikas Branche ist viel größer als sich die Menschen das vorstellen können, und Brasilien ist weiterhin die wichtigste treibende Kraft dort unten. Mexiko entwickelte sich langsamer als andere wichtige amerikanische Länder, hat aber vor kurzem großartige Ergebnisse erzielt. Es gibt im Augenblick in jedem Land ein begeisterndes Wachstum und keinen Grund, warum dies in Zukunft weniger werden sollte.

Europa

Dies war, wie man erwarten konnte, die konservativste Region. Die große Zahl der Länder, Sprachen, Kulturen und Vorschriften führte oft dazu, dass die Menschen glaubten, es sei ein schwer zu erschließender Markt und die Branche vergleichsweise klein. Die vielen von Natur aus negativen Europäer werden glauben, dass die Branche ihren Boom gehabt hat und jetzt untergehen wird. Das ist völlig falsch, wie die Tatsachen beweisen. Network Marketing boomt in der ganzen Region und (zum Zeitpunkt des Drucks) weisen mindestens 22 Länder Wachstum auf!

Durch mehr europäische Integration jedes Jahr und chronisch hohe Unterbeschäftigung ist diese Branche perfekt positioniert, um abzuheben. Die Europäer werden mehr von der Produktivität großer Unternehmen und Glaubwürdigkeitsfragen der Auslesephase angezogen. Ein hervorragender Vergleich ist die Zeit als Franchising in Großbritannien boomte, die Branche hatte die harte Arbeit getan, Wachstum kam mit der Flut von Menschen, die nach neuen Möglichkeiten suchten. Diese Bedingungen liegen heute für das Network Marketing in Europa vor.

Mittlerer Osten und Afrika

Der Mittlere Osten ist oft schwierig, doch kommt es manchmal zu Erfolgsgeschichten, und Israel produziert oft großartige Ergebnisse. Afrika entwickelt sich jetzt in vielen Ländern, und wie erwartet, hat Südafrika eine starke professionelle Branche geschaffen. Das Potential in Afrika ist enorm. Trotzdem werden bis jetzt nur Einheimische wissen, wie es erschlossen werden kann.

Marktanteil

Immer beherrschen große Unternehmen eine Branche. Dies wird während der Auslesephase deutlicher, wenn Größe ein entscheidender Faktor wird. Große Unternehmen produzieren derzeit ungefähr 50 % vom Network-Marketing-Umsatz, und wegen der neuen Entwicklungen durch den „bewiesenen Erfolg" wird dieser Anteil voraussichtlich auf 80 % ansteigen. Der Umsatz der führenden Unternehmen wird also von 50 Milliarden US-Dollar auf mindestens 160 Milliarden US-Dollar innerhalb von 10 Jahren ansteigen.

Angesichts der Voraussagen für die Entwicklung der Branche ist es glaubhafter, anzunehmen, dass ein Milliarden-Dollar-Unternehmen auf 5 Milliarden US-Dollar wachsen kann als ein 10-Millionen-US-Dollar-Unternehmen auf 100 Millionen US-Dollar. Das dürften aufregende Neuigkeiten für Menschen sein, die bei großen Network-Unternehmen angeschlossen sind.

Große Herausforderungen

Die größten Herausforderungen für das Network Marketing sind Politiker, Logistik und Kreditkarten. Politiker möchten neue Branchen immer beeinflussen und viele haben Schwierigkeiten mit der unstrukturierten Natur dieser Branche. Sie vergessen oft die offensichtlichen Vorteile, dass Network Marketing den Menschen den Handel beibringt und für Devisenzufluss und erhöhte Steuereinnahmen sorgt.

Als Teil der neuen „Home Shopping"-Revolution hat uns die Erfahrung gelehrt, dass der Versuch, jede Art einer neuen Branche zu regulieren, den Fortschritt des Landes in der neuen globalen Ökonomie beträchtlich beeinflusst. Logistik für die Lieferung der Produkte an die Haushalte wird immer eine Herausforderung sein. Das Fehlen einer massenhaften Nutzung von Kredit- und Debitkarten in manchen Ländern schränkt Online- und direkte Zahlungen ein.

Zusammenfassung

Ein Wachstum von 100 Milliarden US-Dollar in zehn Jahren. Fortgesetztes Wachstum in nahezu jedem Land und jeder Region der Welt. UND die Geschichte lehrt uns: Das ist eine vorsichtige Einschätzung. Es klingt zu gut, um wahr zu sein, deshalb ist es wichtig, diese Warnung auszusprechen: Sie müssen sich dem richtigen Unternehmen anschließen und das tun, was dessen Erfolgssystem Ihnen sagt. So werden Vermögen gemacht.

Die Branche wird um weitere 100 Milliarden US-Dollar in einem Jahrzehnt wachsen. Im richtigen Unternehmen werden Vermögen verdient werden."

HINWEIS: Wenn Sie einer der Million Menschen sind, die sich in den vergangenen zehn Jahren einer Network-Marketing-Möglichkeit angeschlossen und sie wieder verlassen haben: Jetzt ist die Zeit, wieder einzusteigen und die Möglichkeiten zu nutzen, die Sie zuvor gesehen haben, und das Wissen und die Fähigkeiten wieder zu entfachen, die Sie erlernt haben. Das wäre ein kluger Schritt.

Der Hauptvorteil

Bis jetzt haben wir nur über Wirtschaft, Logik, Zahlen und Geld gesprochen. Der Grund zu leben ist, sich gut zu fühlen. Der Hauptvorteil des Network Marketing besteht vor allem im Element des persönlichen Wachstums und in Beziehungsgewinnen. Das ist ein besonderer Fokus der Branche und ein Hauptvorteil für ihre Teilnehmer.

Wenn wir das Einkommen der Menschen aus ihrer aktuellen Tätigkeit ersetzen und ihnen die FREIHEIT geben könnten, mehr zu verdienen, wenn sie das wollen, von zu Hause zu arbeiten, mehr Freizeit mit ihrer Familie zu verbringen, ihr Sozialleben zu verbessern, ihren Stress zu verringern, mehr Reisen zu erleben und sich besser zu fühlen, würde jeder eine Teilnahme erwägen. Nicht durch das Versprechen von mehr Geld, einfach nur durch die Möglichkeit, ihr Leben mehr mit dem zu genießen, was sie haben. Die meisten Menschen wollen kein großes Vermögen verdienen, sie sind mehr daran interessiert, das Leben zu genießen.

Die persönliche Entwicklung im Networking ist mein Lieblingsbereich, da wir so viele Menschen sehen, insbesondere Frauen, die an Selbstvertrauen und Selbstachtung gewinnen. Menschen erlangen die Stärke, Entscheidungen zu treffen, die ihren Lebensstil und den ihrer Angehörigen verbessern. Keine andere Branche tut dies in dem Maße wie Network Marketing.

Wenn der Glaube einer Person an sich selbst wächst, verändert sie sich zum Besseren, und ich habe das so oft erleben dürfen. Viele Menschen fürchten persönliches Wachstum und was andere denken könnten. Ihnen sage ich, dass jeder es verdient hat, sich besser zu fühlen, und unser Geschäft tut genau das.

Das richtige Geschäft

Es gibt im Grunde genommen zwei Botschaften in diesem Buch. Erstens, dass das Network Marketing in seine Auslesephase eingetreten ist und es deshalb eine fantastische Branche ist, der Sie sich noch heute anschließen sollten. Die zweite Botschaft besteht darin, dass es wesentlich ist, sich dem richtigen Unternehmen anzuschließen, weil nur wenige Unternehmen in dieser neuen Wachstumsphase erfolgreich sein werden. Wie also wählen oder wissen Sie, dass es das richtige Unternehmen ist?

Das ist eine schwierige Frage, weil im Geschäftsleben nichts garantiert ist. Das Beste, was Sie tun können, besteht darin, die Wahrscheinlichkeit eines Scheiterns zu reduzieren, indem Sie sicherstellen, dass die folgenden Schlüsselpunkte erfüllt sind:

- **Achten Sie auf Strategie.** Die grundlegende Strategie des Unternehmens muss einfach und naheliegend sein. Sie müssen nicht erst eine Menge Nachforschungen anstellen, es muss sofort richtig erscheinen.
- **Achten Sie auf Führung.** Nach der Strategie ist die Führung der zweitwichtigste Schlüssel zum Erfolg. Es muss eine erwiesenermaßen kompetente Führung geben. Nicht vor zehn Jahren erzeugter Erfolg, möglicherweise aufgrund von Glück statt Führungsfähigkeiten, in einem jetzt toten Pionier-Geschäft. Erfolg aufgrund von eindeutigen Führungsfähigkeiten heute.
- **Achten Sie auf Stärke.** Ein Unternehmen, das einen bestimmten Produktbereich beherrscht, hat größere Möglichkeiten zum Wachstum als eines, das eine Kopie eines erfolgreichen Geschäfts ist und nur behauptet, mehr Wachstumsmöglichkeiten zu haben. Aufgrund der Verkaufsmethode ist der potentielle Markt für alle Produkte riesig, der Schlüssel ist das Geschäft dahinter.
- **Schließen Sie sich einem erfolgreichen Team an.** Große starke Unternehmen haben die Ressourcen, um im neuen Markt erfolgreich zu sein. Die Kraft, mit den Einzelhandelsgeschäften zu konkurrieren. Die Kraft, in die neueste Technologie zu investieren. Sie haben die Erfolgsgeschichten, die starke Menschen anspricht, die sich nach einer langfristigen Möglichkeit sehnen.
- **Achten Sie auf Kundenfokus.** Network Marketing hat die besten Systeme erschlossen, um ein Unternehmen wachsen zu lassen. Es gibt zwar einige wenige neue Innovationen bei den Systemen, doch es ist unwahrscheinlich, dass sie großen Einfluss haben werden. Langfristiger Erfolg basiert mehr auf der Fähigkeit eines Geschäfts, Kunden zu finden und zu behalten. Achten Sie auf diesen Kundenfokus.
- **Achten Sie auf deutliche Belohnungen auf allen Ebenen.** Eine Organisation nur mit Leitern und ohne Arbeiter wird immer scheitern. Eine Organisation nur mit Arbeitern und ohne Leiter wird nie wachsen. Eine Organisation muss Möglichkeiten für beide Menschentypen anbieten, und die Entlohnungen müssen den unterschiedlichen Investitionsaufwand widerspiegeln.

Wenn diese Faktoren erfüllt sind, haben Sie keine Entschuldigung mehr, Sie müssen sich 100-prozentig dafür entscheiden. Um zu lernen, wie man Momentum erzeugt, lesen Sie Edward Ludbrooks Buch Jetzt oder nie!.

Ihre Herausforderung

Carpe Diem - Nutze den Tag.

Meine Herausforderung für Sie lautet: Investieren Sie etwas mehr Zeit in Ihre Zukunft. Ich weiß nicht, in welcher Phase Ihres Lebens Sie dieses Buch lesen. Was ich Ihnen garantiere ist, dass die Welt, in der Sie leben, sich mit einer Geschwindigkeit verändert, die wenige wahrnehmen, und Sie daraus optimal Nutzen ziehen können. Ich empfehle Ihnen dringend: Prüfen und lesen Sie die Theorie nochmals, um ihre Bedeutsamkeit für Sie zu erkennen.

Die Zauberformel für den Erfolg ist einfach: *Richtiger Ort zur richtigen Zeit mit dem richtigen Geschäft.* Wenn die Faktoren erfüllt sind, verdienen Menschen Vermögen, und der Durchschnittsmensch kann im Vergleich zu den Anstrengungen in einem anderen Geschäft ein überdurchschnittliches Einkommen erzielen.

Der Lebensstil wird im Mittelpunkt des ersten Jahrzehnts des 21. Jahrhunderts stehen. Diejenigen, die dem Durchschnittsmenschen ein selbstständiges Einkommen zur Verbesserung seines rasant sinkenden Lebensstils liefern können, werden im ersten Jahrzehnt des 21. Jahrhunderts im Geschäft sein. Das Konzept der „Volksfranchise" ist etwas für jeden. Gegenüber anderen Formen von selbstständigem Einkommen bietet es die größte Belohnung mit dem geringsten Risiko und die besten Chancen, um Ihren Lebensstil zu genießen.

Der Direktkaufsektor mit dem Vertrieb von Konsumgütern bietet das größte Geschäftspotential. Network Marketing ist die Vertriebsmethode, die am besten dazu geeignet ist, sowohl Verbraucher als auch Hersteller zufrieden zu stellen. Der verwirrte Verbraucher sucht nach Menschen, die das Leben einfacher und aufregender machen. Er will inspiriert werden, und Network Marketing bietet die besten Voraussetzungen dafür.

Vier Primärtrends stehen hinter dem Network Marketing und gewährleisten, dass es auch weiterhin eine Wachstumsbranche sein wird und *der richtige Ort* für viele Menschen, wenn auch vielleicht nur auf Teilzeitbasis.

Die Wachstumsphase im Lebenszyklus einer Branche ist die Pionierphase, bekannt für aufregende Produkte, Ideen und Erfolgsgeschichten. Sie ist auch für hohe Misserfolgsquoten und ein schlechtes öffentliches Image bekannt. Das war die Erfahrung beim PC, Mobiltelefon, Internet und Franchising. Der Erfolg wurde erreicht, und Network Marketing erschloss 100 Länder und erwirtschaftete 100 Milliarden US-Dollar Umsatz mit 50 Millionen beteiligten Menschen.

Die Auslesephase des Wachstums ist die „geldmachende" Phase in der Geschichte einer Branche. Die Mentalität verändert sich von Begeisterung über „Potential" zu „bewiesenen" Ergebnissen. Die starken Unternehmen mit der richtigen Strategie beherrschen und führen die Branche während des Zeitraums der größten Expansion an. Das ist der Zeitraum, in dem Unternehmen wie Nokia, Microsoft und Google weltweit zu Riesen wurden.

Alle Elemente für die Auslesephase sind beim Network Marketing gegeben, einschließlich jener *fünf entscheidenden Wachstumsfaktoren*, die das Franchising brauchte, um zu boomen. Es ist nicht überraschend, dass die Branche Wachstum in nahezu jedem Land der Welt verzeichnet. Hundert Milliarden US-Dollar mehr Umsatz in zehn Jahren sind mehr als möglich, wahrscheinlich ist das zu vorsichtig geschätzt. Das *Timing ist richtig*, um sich jetzt anzuschließen.

Meine Theorie ist, dass es eine Revolution in der Gesellschaft gibt, die das Leben wieder auf die Belohnungen eines gesteigerten *Lebensstils* ausrichtet. Das kann üblicherweise nur durch ein stabiles Einkommen erreicht werden, und das kommt sehr wahrscheinlich nicht aus dem Beschäftigungssektor.

Wenn Sie ein neuer selbständiger Unternehmer im Network Marketing sind, dann hoffe ich, Ihre *„Gewissheit"* in Bezug auf Ihr Geschäft gesteigert zu haben. Wenn Sie je aufhören wollen, um andere Möglichkeiten für ein selbstständiges Einkommen zu nutzen oder eine Anstellung anzunehmen, dann hoffe ich, dass Sie jetzt verstehen, dass Sie wahrscheinlich die beste verfügbare Möglichkeit für gefährlichere Gewässer verlassen. Nicht die beste Entscheidung für jemanden, der informiert ist, meinen Sie nicht auch?

Der Hauptvorteil einer Teilnahme am Network Marketing ist das *persönliche Wachstum*, das Menschen erzielen. Das Geld ist toll, aber im Leben geht es mehr darum, wie Sie sich selbst fühlen als wie viel Geld Sie haben. Ich habe noch keine andere Branche gesehen, die die Selbstsicherheit und das Selbstwertgefühl von Menschen so sehr steigert wie das Network Marketing.

Ich danke Ihnen für die Zeit, die Sie in sich selbst investiert haben, und hoffe, diese Theorien werden sich in Ihrem Bewusstsein logisch verknüpfen und den emotionalen Wunsch erwecken, in Ihrem Leben mehr zu haben, mehr zu tun und mehr zu sein. Ich biete Ihnen ein Geschäft an, das einfach ist, das funktioniert und das jeder machen kann. Und Millionen werden es machen!

Glauben Sie an das, was Sie für die Wahrheit halten. Nehmen Sie nicht die Meinungen von anderen an, bis sich die Fakten in Ihrem Kopf aufstapeln. Ich bekenne öffentlich, dass ich mich mit dieser Branche nicht wohl fühlte, bis ich einige Nachforschungen betrieb. Ich verstehe, dass Sie einige Vorbehalte haben. Es ist bedauerlich, dass ein paar Menschen die Möglichkeiten nicht akzeptieren und ohne Rechtfertigung kritisieren. Ihnen entgegne ich die Worte des großen Philosophen Cicero, der sagte:

„Sie verurteilen, was sie nicht verstehen."

Haben Sie Vertrauen in die Fakten und in die Analyse der Branche, es ist im Grunde die gleiche Analyse, die Milliarden-Dollar-Unternehmen auch machen würden. Ich vertraue darauf, dass Sie es jemandem erklären werden. Fordern Sie die Leute auf, das Gegenteil zu beweisen. Fordern Sie sie auf, einen Schwachpunkt in dieser Argumentation zu finden. Ich habe bis jetzt noch keinen gefunden, der in der Lage ist, dies zu tun, und das verleiht mir einen mächtigen Optimismus und Vertrauen in unsere Möglichkeiten.

Zusätzliche Punkte für Diskussionen, nach denen Menschen Sie fragen werden bzw. bei denen Aufklärungsbedarf besteht.

Zum Verständnis der Schneeballsysteme

„Die Wahrheit wird dich befreien."

Oft verwechseln die Menschen Network Marketing mit einem Konzept, das Schneeballsystem genannt wird, und fragen sich, ob es legal ist oder nicht.

Berater und Menschen in der ganzen Welt werden von diesem Phantom, genannt Schneeballsystem, geplagt. Es ist also ein Mittel, das von skeptischen und trockenen Pessimisten eingesetzt wird, um weniger zuversichtliche Berater anzugreifen. Es ist Zeit, dieses Biest für immer aus dem Weg zu räumen.

Hier sind die Fakten:

• Um ein Schneeballsystem handelt es sich, wenn der größte Teil des Einkommens durch das Geld verdient wird, das Menschen investieren, wenn sie sich anschließen, statt aus Produktverkäufen. Es ist also ein reines Anwerbesystem, in dem es für jeden Gewinner einen Verlierer gibt. Kunden sind die einzigen Menschen, die Gewinn in ein Geschäft einbringen und es legitimieren können.

• Franchising wurde ursprünglich als Schneeballsystem bezeichnet, weil die Unternehmen ihr Geld an den sich anschließenden Menschen verdienten anstatt an den Verkäufen an die Kunden. Viele Menschen scheiterten und verloren dabei ihre Investition. Die British Franchise Association wurde hauptsächlich gegründet, um „zu versuchen, ehrenhafte Franchisegeber von Organisationen zu unterscheiden, die Schneeballsysteme verkaufen, die sich in den späten 1960ern und frühen 1970ern stark vermehrt hatten."

Ein Schneeballsystem ist leicht zu erkennen. Wenn Sie sich das Produkt ansehen, bietet es einen echten Wert und begeistert es eine bestimmte Zielgruppe? Falls Verkäufe an Kunden unwahrscheinlich sind, dann wird das System sich schließlich ausschließlich auf die Anwerbung von Menschen konzentrieren und ist deshalb ein Schneeballsystem.

Die Öffentlichkeit ist jetzt wachsam gegenüber Schneeballsystemen – sie werden also kaum mehr als ein paar Monate überleben.

DER MYTHOS DER MARKTSÄTTIGUNG

So viele Menschen fragen, ob das Network Marketing gesättigt sein wird. Nein, das wird es nicht.

Die Hauptgründe sind:

1. **Es gibt eine stetige Fluktuation von Kunden und Beratern, was einen steten und großen Zustrom potentieller Menschen gewährleistet.**
2. **Hunderttausende, die gerade 18 geworden sind, werden zu neuen potentiellen Beratern. Die Umstände der Menschen ändern sich, und dadurch sind sie mehr an einer neuen Möglichkeit interessiert.**
3. **Beinahe alle Network-Marketing-Unternehmen bieten außerdem internationale Geschäftsmöglichkeiten und vergrößern so den potentiellen Markt enorm.**
4. **Die Unternehmen versuchen immer, ihre Produktreihen anzupassen und auszubauen, um den potentiellen Markt für ihre Produkte zu vergrößern.**

HINWEIS: **Es ist angebracht, darauf hinzuweisen, dass kein Produkt jemals einen Markt gesättigt hat. Millionen von Fernsehgeräten werden jedes Jahr verkauft, obwohl mehr als 95 % der Haushalte bereits mindestens ein Gerät haben.**

Reifephase

Viele Menschen fragen, was passieren wird, wenn das Network Marketing seine Reifephase erreicht. Das ist eine angebrachte Frage, doch muss anerkannt werden, dass dies mehr als zehn Jahre von uns entfernt ist. Es sollte deshalb keinen Einfluss auf das haben, was Sie heute tun und denken.

Nur zur Information: Eine Branche, die ihre Reifephase erreicht, durchläuft normalerweise eine weitere Runde verschärften Wettbewerbs, nach welcher einige wenige große Marktteilnehmer übrig bleiben, die einen Produkt- oder Vertriebssektor beherrschen. Die Veränderungen werden auf einen Networker geringen Einfluss haben, da diese Veränderungen sich auf der Eigentümerebene des Unternehmens vollziehen. Es stimmt, dass die Wachstumsmöglichkeiten geringer sind. Trotzdem sind die Erfolgschancen für den professionellen Menschen hoch. Wie in der Immobilien-Branche von heute.

Muss ich verkaufen?

Das ist eine weit verbreitete Frage, selbst wenn sie nicht gestellt wird. Die Antwort ist „Nein, Sie müssen nicht verkaufen", wenn Sie denken, „verkaufen" bedeutet, „jemanden dazu drängen, von mir zu kaufen". Wir vertreiben unsere Produkte an Menschen, die wir kennen, und Druck auf sie auszuüben, zerstört das Vertrauen, auf dem alle festen Beziehungen aufbauen.

Wenn „verkaufen" bedeutet, Menschen zu fragen, ob sie ein Produkt kaufen möchten, das sie wollen, und dabei einen Gewinn zu machen, dann lautet die Antwort: „Ja, Sie verkaufen."

Das kann ein emotionales Problem sein und eine beträchtliche Blockade für manche Menschen. Es ist also am besten, die Fakten zu kennen.

• 95 % der Menschen mögen das Verkaufen nicht oder glauben, sie können nicht verkaufen. Wenn diese 95 % eine Network-Möglichkeit betrachten und ein „Verkaufs"-Geschäft sehen, sind sie vielleicht nicht interessiert. Sie werden sich sagen: „Ich kann nicht verkaufen!"

• Menschen wollen nicht an ihre Freunde und Familienmitglieder „verkaufen". TROTZDEM ist jeder begeistert, wenn er jemandem von einem Produkt oder einer Dienstleistung erzählen kann, von der er denkt, die andere Person könnte sie wollen. Das nennt man Mundpropaganda und ist der Grundstein des Network Marketing.

• Network Marketing ist ein Vertriebsgeschäft, und seine Kraft liegt im Verkauf und Marketing. Wir sprechen über den „Verkauf von Produkten an Kunden", es kann also leicht wie ein „Verkaufs"-Geschäft aussehen. Seien Sie vorsichtig bei einem Unternehmen, das NICHT über den Verkauf von Produkten an Kunden spricht (es ist wahrscheinlich ein Schneeballsystem!)

Inspirative Verkäufe

Es gibt zwei Arten von Verkäufen:

• **Professionelle Verkäufe:** Professionelle Verkäufer verkaufen Produkte an Kunden. Das ist ihr Beruf, und sie entwickeln große verkäuferische Fähigkeiten. Sie werden nötigenfalls Druck auf den Kunden ausüben, um den Verkauf zu tätigen.

• **Inspirative Verkäufe:** Verkäufe von nicht professionellen Verkäufern. Der Kunde kauft das Produkt wegen der Produktstärken und der vom Bewerber gelieferten „Inspiration". Der Bewerber hat geringe verkäuferische Fähigkeiten. Es wird kein Druck ausgeübt.

Network-Marketing-Unternehmen verwenden inspirative Verkaufssysteme. Der gleiche Verkauf wie bei jemandem, der mit Kunden beim Metzger, im Krankenhaus, in der Bank oder im Restaurant zu tun hat. Kein Druck, der Kunde hat die Kontrolle. Solange das Produkt mit Enthusiasmus beworben wird, ein Bedürfnis befriedigt und ein gutes Preis-Leistungs-Verhältnis hat, werden die Kunden es kaufen, und jeder kann damit Geld verdienen.

Die wahre Stärke des Network Marketing

„Ich verdiene lieber 1% an den Anstrengungen von 100 Menschen als 100% an meinen eigenen."

Milliardär John Paul Getty

Jeder möchte wissen, wie viel Geld man in einem Geschäft oder Beruf verdienen kann. Wenn Sie sich um eine Stelle bewerben, sind die wichtigsten Fragen normalerweise: *„Wie viel werde ich verdienen?"* und *„Was muss ich tun, um es zu verdienen?"*

Im Network Marketing ist das sehr einfach. Sie kaufen die Produkte des Unternehmens zum ermäßigten Großhandelspreis und verkaufen sie zu einem höheren Einzelhandelspreis weiter und machen so einen **Wiederverkaufsgewinn**.

Das Unternehmen erlaubt Ihnen auch, neue selbstständige Berater zu fördern, und das Unternehmen wird Ihnen einen Prozentsatz vom Umsatz, den die neuen Berater und ihre Teams erwirtschaften zahlen. Das sind die Wachstumskosten des Unternehmens, oder um es anders zu betrachten, dessen Werbe- und Personalausgaben werden auf eine andere Weise ausgegeben. Anstatt die ganze Anwerbung, die Bewerbungsgespräche, die Schulung und Leitung der Menschen tun zu müssen, bezahlen sie Ihnen, dem Berater, für diese Arbeit eine Art *„Führungsbonus"*.

Hoch motivierte Menschen sind lebenswichtig für jedes „Menschen"-basierte Geschäft, und nichts trifft mehr auf dieses Geschäft zu. Sie sind der Grund, warum Network-Marketing-Unternehmen so schnell wachsen können. Zu wissen, *„wie"* das Geld verdient wird, erklärt nicht, *„warum"* so viele Menschen so hoch motiviert sind, sich anzuschließen und erfolgreich zu sein. Auch enthüllt das seine wahre Kraft nicht.

Diesen Abschnitt aufzunehmen war eine Priorität, weil wenige Menschen wirklich verstehen, wie dieses finanzielle Element dem Network Marketing seine wahre Kraft verleiht. Jeder Networker muss verstehen, wo sich der wirkliche finanzielle Muskel in diesem Geschäft befindet, und warum es alle Einkommensziele anspricht, insbesondere diejenigen Menschen, die nur ein kleines Teilzeiteinkommen wollen.

90 % aller Menschen, die sich dem Networking anschließen, suchen nach einem langfristigen Teilzeiteinkommen, das ihnen 100 bis 300 Euro zusätzlich pro Monat bringt. Für manche Menschen hört sich das nicht nach einer Menge Geld an, aber nur, weil sie wahrscheinlich nicht verstehen, wie dieser Geldbetrag das Leben einer Person grundlegend verändern kann. Lesen Sie weiter ...

Wie hoch, glauben Sie, ist das durchschnittliche Haushaltseinkommen?
20.000 Euro? 40.000 Euro? Sollen wir 30.000 Euro sagen?
(Das ist wahrscheinlich etwas hoch für viele Gebiete.)
Wie hoch ist das monatliche Einkommen? ... 2.500 Euro.
Das wöchentliche Einkommen? Sagen wir 600 Euro.

Welchen Prozentsatz von diesen 600 Euro gibt der durchschnittliche Haushalt für die alltäglichen Lebenshaltungskosten wie Miete, Essen, Kleider, Licht, Gas, Telefon und ein paar Extras aus?
50 %? 100 %? (In Seminaren rufen viele Menschen 110 %).
Lassen Sie uns 90 % annehmen.
Ist das korrekt? Ein bisschen mehr oder ein bisschen weniger, das macht nichts aus.

Daraus können wir ableiten, dass 10 % von 600 Euro oder 60 Euro je Woche übrig bleiben, um sie für die feineren, genussvolleren Dinge im Leben ausgeben zu werden. Nur 60 Euro pro Woche oder 240 Euro pro Monat. Das ist nicht viel, oder?
Dieses Geld nennt man verfügbares Einkommen oder Taschengeld. Ich nenne es Lebensstil-Geld. Es ist das Geld, mit dem die Menschen Spaß haben. Damit kaufen sie Urlaubsreisen, Luxusgüter, gehen ins Restaurant usw.

Die wahre Kraft des Network Marketing liegt darin, dass der Durchschnittsmensch ein bis drei Monate nach seinem Beitritt nur mit Teilzeitaufwand 240 Euro verdienen kann. Ja, sie können ihren „Lebensstil" verdoppeln.

Selbstverständlich möchte die überwältigende Mehrheit der Menschen liebend gerne mehr Geld verdienen, und das ist auch möglich. Manche Teilzeitpartner verdienen bis zu 5.000 Euro pro Monat, aber erst nach einer langen Zeit oder durch Glück bei der Förderung. (Manche würden sagen durch „gutes Management!")

Menschen mit dem „Teilzeit"-Plan gehen auch wegen anderer Vorteile wie der Verbesserung des Selbstvertrauens, neuen Freundschaften, der Aufnahme in eine neue positive Gemeinschaft und wegen der Anerkennung, die sie erhalten, ins Network Marketing.

Das meiste Geld, das die Menschen auf dieser Ebene verdienen werden, kommt über den Einzelhandel. Darum muss der Einzelhandel in jedem Unternehmen aktiv angeregt werden. Ein übermäßiger Fokus auf Führung, hohe Umsatzanteile und Teambildung zum Nachteil der Einzelhandelsgewinne wird den Menschen mit dem Lebensstil-Plan abschrecken und so die möglichen Umsatzanteile für die „Führungskraft" reduzieren.

Systeme zum „Schnell-reich-werden"

Network Marketing wird manchmal irrtümlicherweise als System zum „Schnell-reich-werden" bezeichnet, auf eine Weise, die uns peinlich sein soll. Sie verwenden diese Bezeichnung, um daraus zu schließen, es sei illegal, unmoralisch oder die Aussagen wären unglaubwürdig.

Zwar sind die Schlussfolgerungen der Illegalität oder Unmoral weder zutreffend noch lustig, bemerkenswert ist aber, dass es in gewisser Weise wirklich ein System zum „Schnell-reich-werden" ist! Im Vergleich mit anderen Methoden zur Vermögensbildung kann der Durchschnittsmensch mehr Geld schneller mit einem Network Marketing Geschäft verdienen. Es kann also zu Recht, ehrlich und moralisch einwandfrei als System zum schnellen Reichwerden klassifiziert werden. Das ist eine Tatsache, auf die wir stolz sein sollten.

Network Marketing im Vergleich

Einkommensstatistiker klassifizieren „die Reichen" als die Top 20 % der Verdiener, die durchschnittlich 60.000 Euro pro Jahr verdienen. Nach meiner Erfahrung in vielen Network-Marketing-Unternehmen braucht man zwischen drei und sieben Jahren harter Arbeit mit einem guten soliden Unternehmen, um ein Einkommen von 60.000 Euro pro Jahr zu verdienen. Beachten Sie: ich sagte HARTE ARBEIT. Niemand kommt ohne harte Arbeit in die Ränge „der Reichen".

Dieses Einkommen dürfte sich weiterhin Jahr um Jahr erhöhen, solange das Unternehmen stark bleibt und Sie für Ihr Geschäft arbeiten. Sie können nicht entlassen werden, und Ihr Geschäft ist vollkommen flexibel. Vergleichen Sie das jetzt mit einer Karriere oder einem Beruf ab Beginn der Ausbildung oder einem neu gegründeten Geschäft.

Nach 40 Jahren Arbeit sind nur 4 % der Menschen finanziell abgesichert. Wenn es drei Jahre, fünf Jahre oder selbst sieben Jahre dauert, um dies zu erreichen, dann bietet diese Möglichkeit ein System zum „Schnell-reich-werden".

Regierung erkennt hohe Erträge an

Die Direct Selling Association der USA bestätigte die für Menschen im Direktverkauf erzielbaren hohen Erträge in ihrem 1992 von der Regierung der USA anerkannten Gutachten. Es zeigte, dass 50 % der ganztags im Direktverkauf tätigen Menschen über 50.000 US-Dollar pro Jahr verdienten.

(Beachten Sie, dass weniger als 10 % der Menschen ganztags arbeiten.)

Das Gutachten verriet auch, dass erstaunliche 10 % der ganztags tätigen Menschen über 100.000 US-Dollar pro Jahr verdienten. Wenn man mit einem jährlichen Einkommen von 60.000 US-Dollar „reich" ist, dann nennen Sie mir eine andere Branche, in der jemand, der wirklich erfolgreich sein will, eine Chance von 1 zu 10 hat, die Ränge der „Reichen" zu erreichen.

Wie ein Einkommen wächst

Es ist wichtig, dass jeder im Network Marketing versteht und sich dessen bewusst ist, wie viel Zeit erforderlich ist, um ein Netzwerk aufzubauen, und wie das Einkommen wächst.

Ein hohes Network-Marketing-Einkommen entwickelt sich wie eine so genannte exponentielle Kurve. Diese Kurve zu verstehen, ist wahrscheinlich die wichtigste Sache, die Sie in den ersten drei Monaten Ihrer Network-Marketing-Karriere lernen können.

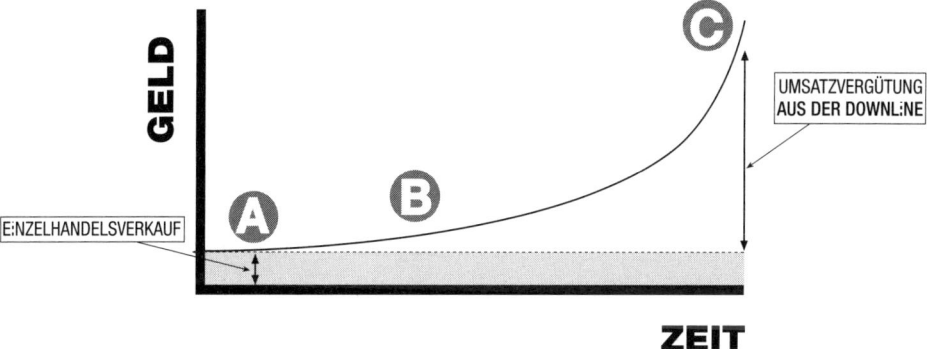

Die exponentielle Einkommenskurve

Die exponentielle Kurve zeigt, dass am Anfang das Einkommen klein ist – genau wie in allen Berufen und Geschäften. Das Geld wird hauptsächlich mit Einzelhandelsverkäufen verdient. (Großhandels-Provisionen werden in manchen Unternehmen verdient, aber sie müssen als Rückzahlung für Ihre Investitionen - Zeit, Geld und Anstrengungen - für die Anwerbung und den Geschäftsaufbau betrachtet werden.)

Wenn Sie kontinuierlich auf die richtige Weise arbeiten, wird Ihr Team wachsen und Sie werden Anteile an deren Umsätzen verdienen. Da Ihr Team weiter wächst, wird es das exponentiell tun und genau so wird Ihr Einkommen wachsen.

Leider müssen Sie zu Beginn harte Arbeit investieren, und Sie werden wenig Ergebnisse sehen. Aus diesem Grund steigen viele Menschen bei Punkt B aus, weil sie zu schnell Ergebnisse erwartet hatten. Niemand würde bei Punkt B aufhören, solange er glaubt, er wird das Einkommen unter Punkt C aus der Umsatzvergütung seiner Downline erhalten.

Die geometrische Macht der Zahlen

Viele Menschen haben Schwierigkeiten mit der Vorstellung, wie sie durch ein paar Menschen ein Vermögen verdienen können – wie funktioniert diese exponentielle Kurve? Die Antwort liegt in der geometrischen Macht der Zahlen.

Als ein indischer Prinz seine Ländereien inspizierte, traf er eines Tag einen Bauern, der Schach spielte.

Weil er dachte, er könne nicht verlieren, forderte der Prinz den Bauern zu einem Spiel heraus und verkündete arrogant: „Schlage mich, und ich gebe dir, was immer du willst."

Sie begannen zu spielen, und wie immer in diesen Geschichten kam es zu einem überraschenden Ergebnis, und der Bauer gewann. Der Prinz sagte „Was willst du?" und erwartete, Land, Tiere oder Geld zu verlieren, doch der Bauer bat um Reis.

„Lege ein Reiskorn auf das erste Quadrat auf diesem Schachbrett. Auf das zweite lege zwei Körner, auf das dritte vier Körner. Verdopple die Körner auf jedem Quadrat auf dem Brett", sagte der Bauer.

Der Prinz lachte und erklärte sich bereitwillig einverstanden; weil er adlig war und weil es eine Parabel ist, war er dumm.

Er befal seinem Reisverwalter, den Reis auf das Brett zu legen. Nur um herauszufinden, dass er ruiniert war. Es gibt 64 Quadrate auf einem Schachbrett und wenn man ein Reiskorn 63 Mal verdoppelt, ergibt das mehr Reis als es in ganz Indien gibt (neun Milliarden Milliarden Körner!).

Im Network Marketing ermöglicht Ihnen die geometrische Macht der Zahlen, ein paar Menschen einzuführen, ihnen zu helfen, die wichtigsten Fähigkeiten im Erfolgssystem zu erlernen, was dazu führen wird, dass mehr Menschen sich beteiligen werden. Sie führen diese neuen Menschen, bringen ihnen das System bei, und mehr Menschen schließen sich an und so weiter. Schließlich wird die Macht der Zahlen Ihr Netzwerk schnell wachsen lassen.

Der Bauer im Beispiel benutzte nur Zwei als Ausgangszahl. Wenn er Drei mal Drei mal Drei oder Vier mal Vier mal Vier benutzt hätte, wären die Zahlen noch viel schneller riesengroß geworden.

Der Glanz des selbsttätigen Einkommens

Schließlich wird Ihr Netzwerk zu groß für Sie geworden sein, um noch persönlich Einzelnen helfen zu können. Weil aber jeder das gleiche System benutzt, kann das Netzwerk trotzdem weiter wachsen. Wenn Menschen unabhängig von Ihnen arbeiten, haben Sie ein Resteinkommen erzeugt – das Optimum in der Vermögensbildung. Ihr Netzwerk hat sich von einem „Geschäft", das Handlungen erfordert, in einen Vermögenswert wie Immobilien verwandelt, der Geld ohne weiteres Zutun verdient.

Andere Bücher von Edward Ludbrook

Jetzt oder nie! – Wie man Momentum erzeugt, um Network-Marketing-Leiter zu werden

Momentum ist mehr als ein wichtiges Ziel, wenn Sie mit einem Network-Marketing-Geschäft beginnen, es sollte das EINZIGE Ziel sein! Der Grund ist, dass die das Geld verdienende Kraft auf der geometrischen Macht der Zahlen basiert, die nur eintritt, wenn ein Network **Momentum** hat.

Es ist nur das **Momentum**, das ein Team mit zwanzig Personen in Tausende verwandelt. Ohne **Momentum** kein selbsttätiges Einkommen. **Momentum** muss die allerhöchste Priorität von jedem sein, der sich dem Network Marketing anschließt.

Durch Edward Ludbrooks Beobachtungen entdecken wir, wie **Momentum** über eine bestimmte Strategie erzeugt wird, die zu Beginn der Karriere eines jeden Network Leaders in der Welt eingesetzt werden sollte. Es ist eine Strategie, die jeder lernen kann und lernen MUSS, um erfolgreich zu sein. Dies ist ein leicht verständliches Buch für jeden Neueinsteiger der Branche.

Der Network-Coach – Lernen Sie die Fähigkeit, die das selbsttätige Einkommen erzeugt

Coaching ist die höchstbezahlte, jedoch am wenigsten verstandene der drei Schlüsselfähigkeiten des Networking. Coaching ist die Fähigkeit, die Ihre neuen Mitglieder in unabhängige Menschen verwandelt. Diese unabhängigen Menschen sind die Grundlage für ein selbsttätiges Einkommen.
Jeder kann lernen, wie man coacht. Es wird Ihnen Zeit sparen. Es wird Ihnen Geld sparen. Es wird Ihnen erlauben, mit starken Menschen, mit schwierigen Menschen, mit Menschen in großer Entfernung umzugehen. Coaching ist die Fähigkeit, die Zeit in Geld verwandelt. Es wird Ihnen Selbstvertrauen geben, jeden in Ihrem Team zu fördern.
Der Network-Coach ist eine grundlegende Arbeitsanleitung. Er wird Ihnen beibringen, was Sie tun müssen und wie Sie es tun müssen. Das System wird mit jedem Programm in jedem Land funktionieren und hat seit Jahren bewiesen, dass es die besten Ergebnisse der Branche liefert.

Networking aus der Ferne – Wie man ein riesiges Netzwerk um die Ecke und über die ganze Welt aufbaut (früher International Networking genannt)

Network Marketing wird von Zahlen angetrieben. Anstatt 50 Menschen zu haben, können Sie von 50.000 Geld verdienen! Um dies zu erreichen, müssen Sie lernen, wie man ein Netzwerk über große Entfernungen fördert und aufbaut. Von der nächsten Stadt zu einem Land auf der anderen Seite der Welt.
Edward Ludbrook ist strategischer Berater der größten Organisationen und hilft ihnen, international zu wachsen. Dieses einfache kleine Buch sagt Ihnen, wie es funktioniert. Wie man jemanden fördert und wie man ihn unterstützt. Wie man Erfolg aus der Ferne erzeugt, ohne ein Vermögen an Zeit oder Geld zu investieren.

Den kostenlosen E-Mail-Coaching-Newsletter erhalten Sie unter
www.ludbrook.com.
Diese Site verweist auf keine Network-Möglichkeit.

Alle Bücher erhalten Sie bei
MLM Training Multimedia und Verlags GmbH
Schusterbergweg 83 • A-6020 Innsbruck
www.mlm-training.com

ÜBER EDWARD LUDBROOK
Inspirierendes Momentum

Edward gilt als Fachmann der Welt für Strategie und Führung im Network Marketing. Er ist Autor von sieben Büchern, von denen vier internationale Bestseller sind mit über zwei Millionen verkauften Exemplaren. Sein Buch Big Picture ist eines der bestverkauften Networking-Bücher aller Zeit, derzeit übersetzt in 20 Sprachen.

Edward ist einer der weltweit führenden Redner der Branche und arbeitete hauptsächlich in Europa. Mehr als 100 Organisationen haben ihn beauftragt, ihre Konferenzen zu inspirieren. Er nutzt nun Live-Video-Reden, um seine Botschaft der Möglichkeiten mehr Menschen weltweit mitteilen zu können.

Wesentlich bei all seiner Arbeit ist das Konzept des „Momentum", weil dies der wichtigste Geschäftsfaktor im Network Marketing ist. Seine Erzeugung erfordert eine Kenntnis dieser Branche, die wenige besitzen oder hervorbringen können. Edward Ludbrooks *Momentum*-Schulungswochenenden und -Seminarreisen haben Booms in zahllosen Unternehmen von Island bis Indonesien ausgelöst. Als Führungsspezialist trainiert er mehr Führungskräfte in mehr Unternehmen und in mehr Ländern als jeder andere Trainer in der Branche. Über 50 Unternehmen haben Edward Ludbrook beauftragt, Momentumstrategien für die internationale Expansion, für Neubeginne, Schulungssysteme oder Umstrukturierungen zu entwickeln.

Edward Ludbrook stammt aus konservativen Verhältnissen. Aufgewachsen in Neuseeland besuchte er Australiens berühmte Militär-Universität, das Royal Military College in Duntroon. Er diente bei den neuseeländischen Army Engineers bis zum Rang eines Hauptmanns, zog dann nach London, wo er im Investment Banking und als strategischer Berater arbeitete.

Ludbrook konzentriert sich nun auf die Welt des Network Marketing und drei Schlüsselkonzepte, von denen er glaubt, dass sie den Erfolg in diesem Geschäft garantieren werden: eine eindeutige strategische Vision (*SHAKEOUT – The Big Picture*), ein Fokus auf Momentum (*Jetzt oder nie!*) und kompetentes Coaching (*Network-Coach*). Wenn die Branche diese Konzepte angenommen hat, beabsichtigt er, sich zur Ruhe zu setzen, zu helfen, den Planeten vor der globalen Erwärmung zu retten und fantastischen Rosé-Wein anzubauen, um das Leben mit seiner Familie in der Sonne zu genießen.

KOSTENLOSER
Newsletter für Führungskräfte

www.ludbrook.com

Holen Sie sich Edward Ludbrooks KOSTENLOSEN Online-Newsletter noch heute. Sie erhalten regelmäßig Informationen, Anregungen und Hinweise zum Aufbau Ihres Network Marketing Geschäftes.

Dieser von einer weltweiten Autorität in Sachen Netzwerkstrategie und -führungspersönlichkeit verfasste Newsletter besitzt einen einzigartigen Stil. Sie erhalten alle Fakten und Daten aus der Welt des Network Marketing sowie zahlreiche Anregungen für den Aufbau Ihres Unternehmens. Ein spezieller Schwerpunkt liegt auf der Fähigkeit des Coaching, der ersten Stufe des Führens, und der Fähigkeit zum „großen Geld", die einen Neuling zu einer unabhängigen Führungskraft macht. Hier bekommen Sie alle Fakten und den ultimativen Durchblick!

Fast wie **KOSTENLOSES COACHING** durch den weltbesten Coach für Führungspersönlichkeiten!

Besuchen Sie

www.ludbrook.com
und melden Sie sich noch heute an!